JN059355

物理学実験

芝浦工業大学工学部　編

学術図書出版社

目　　次

第1編 総　　論

第2編 実　　験

付　　録

第1編

総

論

§1 物理学実験について

　物理学はあらゆる自然科学の基礎をなすものであり，また実験に基づき理論体系の確立された学問であるから理学と工学の研究に実験は欠くことのできないものである．実験を行うことは研究を目的とするのは当然であるが，ここで扱うのはいわゆる学習実験で，これにより自然科学を研究するための態度と習慣を身につける．したがって，各々の実験題目の物理的な意味を理解し，実験計画の立て方および実験方法を体得し，将来研究実験を行うための基礎を固めてもらいたい．

　　※本書は市販の教科書，参考書と異なり物理学教室において上記の目的を十分考慮して編集し，各題目ごとに課題を設けてあるから参考書，文献などを各自主体的に調べて報告することを期待する．

§2 実験実施順序

（1）　それぞれのコースに従って予定が発表されるから，それによって各自の題目を知り，実験を行う前にはよく下調べをしておくこと．なお予定表以外の実験は原則として認めない．

（2）　準備室の窓口で実験開始前に履修カードを受けとること．

（3）　器具は題目ごとに指定した実験机の上に用意されている．

（4）　実験は指定された場所で行い，開始前の点検で器具の不足や破損を発見した場合，および実験中に器具の破損や事故が生じた場合には直ちに準備室に申し出ること．

（5）　実験が終了したならば，実験器具の再点検を行い，もとどおりにしておく．

（6）　全てが終了した班は班ごとに実験のテーマの担当教員に実験ノートを提出して履修カードに検印を受けた後，履修カードを提出して退室する．

（7）　当実験室内では下駄ばき，喫煙を厳禁する．

§3 実験に当たっての心構え

（1）　実験前には指導書をよく読んで，その実験の目的，原理をよく理解しておくこと．また実験後にはその結果を明白にする．

（2）　器具はその機能をよく理解してから用い，整理や読み取りに便利なように各自工夫して配置する．配置後に必ず誤りがないかどうかを再点検する．

（3）　測定値に限らず実験中の記録はすべてあらかじめ各自が用意した専用の実験ノートに記入する．

（4）　測定を終え実験器具をかたづける前に必ず測定記録を検討し，測定もれや測定方法の誤りなどがないことを確認する．

§4 実験ノート

（1）　その重要性———物理実験における実験ノートの重要性はまさに生の測定記録の重要性に起因している．ここで測定記録とは単に測定値のみを意味するのではなく，測定条件，測定方法，その他行われた実験に関する一切の記録を意味する．主として以上のような観点から本実験では

実験を行う各個人が自分の実験ノートを持つことを義務付けている．

（2）　本実験において———各自が実験専用としてＡ４判のノートを用意し，実験を行う際には必ず持参すること．また，後日提出を要求するので紛失しないよう特に注意すること．

　　　実験ノートにおいてその日のうちに終えるべき課題が各実験テーマごとに指導書の「実験ノート」の項に記してあるので，その要求を満たした上で実験ノートおよびカードに検印を受ける．

（3）　記入要領———先に述べたように最も重要な点は実験に関する一切を忠実に記録するという点である．基本的に実験ノートは実験者のためのものであるから各自が工夫して自由に書いてよいが，測定を始める前にあらかじめ測定値を書き込む欄を作っておいたり，グラフに目盛を入れておいたりすることは特に必要であろう．

§5　報　告　書

（1）　**その意義と本質**———レポートの本質は文字通り行った実験に関する一切を公に報告するという点にある．この点において実験ノートとはその本質を異にする．本来，他人に見せるべきものとしてのレポートにおいては単に必要なことが述べられるばかりでなく，読む人にその内容が明確に伝わるように工夫されていなければならない．その内容としては実験の原理，方法，条件および得られた結果といった客観的事実はもちろんのこと，実験結果に対する実験者の十分な考察，検討が含まれるべきである．

（2）　**本実験において**———レポートは各実験終了ごとに１班につき最低１名が提出し，各人は都合５通提出する．提出する順番は班内で相談して決めてよいが同じ者が連続して書いてはならない．レポートの用紙および方眼紙はＢ５判を使用し，必ず所定の表紙をつける．レポートは原則として次回の実験日に提出しなければならない．また，提出方法はガイダンス時に指示する．

（3）　**記入要領**———実験目的，原理，器具，実験方法，および結果，考察という順序で書くのが一般的である．

　　a）　目的，原理，器具，実験方法については要点をつかんで簡潔に書く．

　　b）　実験結果の項は実験の際に記入した実験ノートを基に整理された測定値とこれを用いた計算の過程を示し，最終的な値を明らかにする．その際，表やグラフを用いたり，細かい計算の記入は最小限度にとどめるなどできるだけ見やすい形になるように工夫する．

　　c）　実験結果に対する考察は実験のしめくくりとして特に重要な意味をもつ．実験者による十分な考察がなされてはじめてその実験に対する最終的な結論が得られるといえよう．具体的には実験結果を基準となるべきより信頼性の高い値と比較検討することに始まり，誤差，測定精度，および測定値の処理方法の検討，実験器具や方法の再検討などへと発展させていくとよいだろう．ただし，ここで注意したいのは議論を単なる定性的な測定にとどめず，できる限り客観的かつ定量的に進めていかなければならない点である．また，各実験テーマに設けてある「質問」も考察のヒントとして大いに役立つはずである．

§ 6　グラフの描き方の原則

　実験結果を示すためにグラフを描く場合は，原則として以下のルールに従う．

●グラフを描くときは必ずグラフ用紙を使う．

●原則として，自分が変えた量（独立変数）を横軸に，その結果得られた（従属変数）を縦軸にとる．

●グラフはグラフ用紙の方眼紙の範囲内に描く．余白を使わない．

●横軸と縦軸の目盛の取り方は方眼紙が有効に使えるように工夫する．

●軸は自分で引く．罫線の範囲の端を使わない．

●縦，横の軸には必ず目盛を入れる．

●対数を使うなどの場合を除き，軸をとる量は原点からの距離に比例して左から右に（あるいは，下から上に）増えていくようにとる．

●原点を明記する．グラフの原点は必ずしも 0 でなくてもよい．

●縦，横の軸の表す量の名称（たとえば，落下物の質量など）と単位（たとえば，kg など）を書く．

●グラフのタイトル（たとえば，落下物の質量と落下時間の関係など）を書く．

●グラフの中には測定点をはっきりわかるように示す．1 枚のグラフに複数のデータを書き込むときは記号を変える（○とか×とか）．また，余白にその記号の表す量を明記する．

●グラフ上に得られたいくつかの測定点を**なめらかに結ぶ**線を描く．折れ線グラフを描かない．

●2 つの物理量の間に比例関係（あるいは 1 次関数の関係）が成り立つことが予想されるような場合は，その上下に同数個のデータ点が分布するように直線を引く．

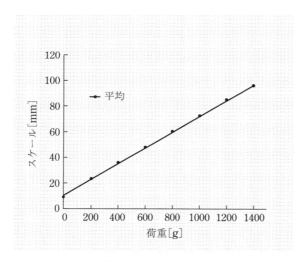

荷重に対するスケールの読み（銅）

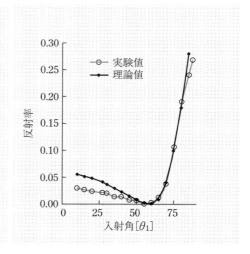

水平偏光における反射率と入射角の関係

図 1

§ 7　実験データと誤差

直接測定と間接測定

　測定は，直接測定と間接測定に大別される．例えばここに鉄の球があるとする．この球の直径は

直接マイクロメーターなどで測ることができる．また，その質量も天秤などを用いて測ることが出来る．このように，測定したい量を直接基準となる量と比較して測定することを**直接測定**という．これに対して，球の体積，密度のような量は直接測定によって得られた球の直径，質量などの測定値から計算をすることによって間接的に求められるものである．これを**間接測定**という．直接測定で得られる物理量は限られており，物理実験で取り扱う測定の多くは間接測定である．

有効数字

測定の結果得られた数値において，意味のある数字を有効数字といい，その桁数を有効数字の桁数とする．

長方形の 2 つの辺の長さ a, b を 1 mm 間隔で目盛られているものさしで測定することを考える．辺の長さが，ものさしの目盛線にちょうど一致することはまれであり，一般には食い違っている．この食い違いに対して，普通，最小目盛の 1/10 の桁まで目測で読み取る．したがって，測定値の最後の桁の数字は若干の不確かさを含んでいる．（これを機械誤差という．）例えば 1 つの辺の長さ a を測定したところ，$a = 42.3$ mm という値を得たとする．この場合，誰が測定しても 42 mm までは一致するが，0.1 mm の桁である 3 の数字は，ある人は 2 と読み，またある人は 4 と読むかもしれない．したがって，この測定値を仮に 42.35 mm とか 42.38 mm とか書いてみても 0.01 mm の桁の数字には全く意味がない．しかし 0.1 mm の桁の数字は不確かさは含んでいるが，物理的には意味を持っている．そこで測定値について 42.3 mm のように物理的に意味のある数字だけを並べて書いたとき，その数字を有効数字という．また有効数字の桁数はその測定値の精度を表していることになる．42.3 mm の場合，有効数字 3 桁である．もう 1 辺の長さ b を測定したところ $b = 161.0$ mm だったとすると，その有効数字は 4 桁である．ここで，0.1 mm の桁の 0 の数字も有効数字であることに注意せよ．べつのある測定値が $c = 161$ mm だったとすると，この c と b とは精度が異なり，同じ値ではない．161 mm という測定値は，最小の桁である 1 mm の桁の 1 が不確かさを含んでおり（最小目盛 10 mm のものさしで測定したということである），その不確かさを ± 2 程度と見積もるならば，$159 < c < 163$ mm の間に測定量が含まれていることを表している．一方 161.0 mm という測定値は 0.1 mm の桁の 0 が不確かさ ± 2 を含んでいるので $160.8 < b < 161.2$ mm の間に測定量が含まれていることを表している．

さて，長方形の各辺の長さはものさしにより直接測定で得られる測定値であった．一方，長方形の面積 S を知りたいときには，2 つの辺の長さをかけて求める間接測定から得られることになる．間接測定の場合の有効数字の桁数を考えてみよう．2 つの辺の長さが a, b である長方形の面積 S を，そのまま計算すると

$$S = a \cdot b = 42.3 \times 161.0 = 6810.30 \text{ mm}^2$$

となる．ここでこの計算の際に不確かさを含む数字を考えるために筆算で書いてみる．

$$
\begin{array}{r}
161.\underline{0} \\
\times \quad 42.\underline{3} \\
\hline
483\underline{0} \\
322\underline{0} \\
644\underline{0} \\
\hline
6810.30
\end{array}
$$

下線は不確かさを含んだ数字であることを表している．答えの最初の2桁の68には全く不確かさは含まれない．次の桁の1は，不確かさを含む最初の数字であり物理的には意味を持っている．しかしその下の桁の030には全く意味がない．よって有効数字は681までになり，その桁数は3桁である．有効数字の桁数を明示するには $S = 6.81 \times 10^3 \, \text{mm}^2$ と表すのが適当である．この考察より有効数字3桁×4桁の計算結果は有効数字3桁になることが分かった．一般に有効数字 m 桁と n 桁の数値を乗算した答えの有効数字は m, n のうちの小さい方の桁数と一致する．間接測定から得られる測定値の場合，一番有効数字の桁数の少ない測定値に合わせることになる．したがって，実験の際にはできるだけ各測定値の有効数字の桁数はそろえるようにすることが望ましい．

誤差と誤差の分類

ある量を測定したとき，その真の値を真値という．これを X で表す．しかし我々人間が真値を知ることは不可能であって，実験によって知り得るのは，あくまである精度のもとでの近い値でしかない．したがって，測定データを示すときにはその値の信頼度を明らかにしなくてはならない．そのためには，実験結果を提示する側も見る側も誤差の概念を正確に理解しておく必要がある．誤差の議論は，測定データを扱う場面においては分野を問わない共通の言語である．

ある量を求めるために i 回の測定を行ったとする．その測定値をそれぞれ $M_1, M_2, \cdots, M_i, \cdots$ とするとき

$$
x_i = M_i - X \tag{1}
$$

を i 番目の測定の絶対誤差あるいは単に誤差という．実際には真値 X は我々は知り得ないので，誤差もわからない．そこで実験では，測定値を平均した最も確からしい値 X_0 を求め，真値の代わりに使用する．この X_0 を最確値といい，X_0 と測定値 M_i との差

$$
v_i = M_i - X_0 \tag{2}
$$

を**残差**と名付ける．

誤差はその生じてくる原因により，次のように分類できる．

1) **過失誤差**：実験中の読み違い，計算の間違えなど
2) **系統誤差**：器械の不完全，観測者の癖，理論式の近似度
3) **偶然誤差**：観測者が支配制御し得ない微妙な原因による誤差

このうち，過失誤差は注意深く測定すれば生じない．系統誤差は，必ずある一定の量もしくは一定の割合だけずれるものであって，測定しながら補正して取り除くことができる．最後の偶然誤差は観測者が支配できない偶発的な原因が重なって生じる誤差で，いかなる実験熟練者であっても避け

得ない．例えば，有効数字の項で説明したように，測定は装置の最小目盛の 1/10 の桁は目測で読むため，同じ条件で測定してもばらつきは必ず生じる．このような偶然誤差は測定回数を増すことによって小さくすることができる．そして偶然誤差は，ある程度理論的な取り扱いが可能であり，実験においては必ずこれを考慮し，測定結果に対してその信頼度を表す値として「誤差」を提示する必要がある．以下では誤差の取り扱いについて説明していく．ただし，誤差を議論するときには過失誤差および系統誤差が十分除去されていることが前提であることを強調しておく．もし偶然誤差よりこれらの誤差の方が支配的な場合は，以下の議論を適用しても意味がない．

誤差の 3 法則

測定から真値を求めることはできないが，誤差についての次の 3 つの公理から出発して真値の代わりに最確値 X_0 および残差 v_0 を求めることができる．また，そこから統計的に誤差の議論ができる．その公理は

〔Ⅰ〕　同じ絶対値の正負の誤差の起こる確率は等しい．

〔Ⅱ〕　小さい誤差の起こる確率は大きい誤差の起こる確率より大きい．

〔Ⅲ〕　非常に大きい誤差は事実上起こらない

これら 3 つの性質を，誤差のもつ基本的な性質ととらえ，誤差の 3 法則と呼ぶ．

直接測定の最確値

直接測定において誤差 x の起こる確率密度を $y = f(x)$ とすると，確率の定理を使い，上の誤差の 3 法則を満足するように要請すると，関数 $f(x)$ は

$$y = f(x) = \frac{h}{\sqrt{\pi}} e^{-h^2 x^2} \tag{3}$$

の形をとらなければならないことが証明される．ただし，h は誤差の分布を決める定数である．いずれかの誤差が必ず起こる確率は (3) 式の $f(x)$ を x について $-\infty$ から $+\infty$ まで積分して得られ，当然 1 に等しくならなければならない．実際に積分を行ってみると，

$$\int_{-\infty}^{\infty} f(x)\, \mathrm{d}x = \frac{h}{\sqrt{\pi}} \int_{-\infty}^{\infty} e^{-h^2 x^2}\, \mathrm{d}x = 1 \tag{4}$$

となり，明らかに条件が満たされている．(3) 式の物理的意味を調べるために図示しよう．

この曲線は y 軸に対し左右対称であり，$x = 0$ で最大値 $\dfrac{h}{\sqrt{\pi}}$ をとり，そして $x \to \pm\infty$ に対し，$y \to 0$ である．これらの性質は各々誤差の 3 法則に対応している．この曲線を Gauss の誤差曲線という．

次に関数 $f(x)$ を特徴づけている定数 h の意味を考える．h が大きくなるとグラフの曲線は鋭さを増し，誤差が $x = 0$ 付近の狭い範囲に集中する．逆に h が小さく

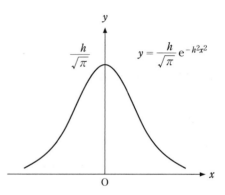

図 2　Gauss の誤差曲線

なると曲線はなだらかになり，誤差の絶対値 $|x|$ が大きくなる領域が増える．言いかえれば，h が大きいほど誤差の小さい正確な測定であることを意味する．そこで h のことを測定確度または精密度（Precision）という．

（3）式を用いて最確値 X_0 を求めよう．ある量を同じ条件で（同じ測定方法，同じ正確さで）n 回測定したとする．この場合，各測定の確度 h は同じ値である．1回目，2回目，$\cdots$，n 回目の測定において x_1+dx_1，x_2+dx_2，$\cdots$，x_n+dx_n の範囲に誤差が生じる確率をそれぞれ $y_1, y_2, \cdots, y_n$ とすると，これらの誤差が同時に起こる確率は，

$$y_1 \cdot y_2 \cdots y_n = \left(\frac{h}{\sqrt{\pi}}\right)^n e^{-h^2 \Sigma x_i{}^2} dx_1\, dx_2 \cdots dx_n \tag{5}$$

となる．この最大値を示す場合が最も起こりやすいのである．したがって

$$\sum_{i=1}^{n} x_i{}^2 = \sum_{i=1}^{n} (M_i - X)^2 = 最小 \tag{6}$$

を満たす X を求めると，これは真値に最も近いと考えられる．上式で X を X_0 で置き換え，すなわち誤差を残差で置き換えると

$$\sum_{i=1}^{n} v_i{}^2 = \sum_{i=1}^{n} (M_i - X_0)^2 = 最小 \tag{7}$$

となる．（7）式の条件は直接測定の場合，最確値 X_0 は残差の2乗の和を最小にするような値であることを示している．このことを最小自乗法の原理という．（7）式を満足する X_0 を求めるには，左辺を X_0 で微分して0とおくと

$$X_0 = \frac{\sum_{i=1}^{n} M_i}{n} = \frac{M_1 + M_2 + \cdots + M_n}{n} \tag{8}$$

M_i：測定量　　n：測定回数

直接測定の最確値

が得られる．すなわち，直接測定における最確値は，測定値の算術平均で与えられることを示している．また（3）式より直ちに

$$\sum_{i=1}^{n} v_i = \sum_{i=1}^{n} (M_i - X_0) = 0 \tag{9}$$

が導かれる．

標準偏差と最確値の誤差

毎回の測定結果は，真値 X のまわりにある幅でのばらつきを持つ．そのばらつきの大きさを表す量として前で述べた測定確度 h があるが，普通，測定値の信頼度は以下に述べる標準偏差や統計的に扱った誤差を用いて表す．N 回おこなった測定値がそれぞれ $M_1, \cdots, M_i, \cdots, M_N$ と得られたとき，標準偏差 σ は絶対誤差 x_i の2乗平均

$$\sigma^2 = \frac{1}{N}\sum_i x_i{}^2 = \frac{1}{N}\sum_i (M_i - X)^2 \tag{10}$$

として定義される．（標準偏差 σ に対し，σ^2 は分散と呼ばれる．）単なる絶対誤差の平均としないで2乗平均を用いるのは，ばらつきはガウス分布より真値のまわりに対称に分布するので，その平均値は 0 となるからである．

　実際には真値は分からないので，実験の際には残差 v_i を用いることになる．最確値の誤差を $\Delta = X - X_0$ とおくと $X + x_i = X_0 + v_i$ より $x_i = v_i - \Delta$ となる．これを (10) 式に代入し，$\sum v_i = 0$ であることを使うと，

$$N\sigma^2 = \sum_i v_i{}^2 + N\Delta^2 \tag{11}$$

が導かれる．Δ と σ の関係は $N\Delta^2 = \sigma^2$ であるので（この関係式は後で証明する．Bessel の式）

$$\sigma^2 = \frac{\sum_i v_i{}^2}{N-1} \tag{12}$$

となる．

　また最確値の誤差 Δ は，$N\Delta^2 = \sigma^2$ より

$$\Delta = \frac{\sigma}{\sqrt{N}} = \sqrt{\frac{\sum_i v_i{}^2}{N(N-1)}} \tag{13}$$

N：測定回数　　v_i：残差

直接測定の確率誤差

となり，測定値は

$$\boxed{X_0 \pm \Delta} \tag{14}$$

と表される．本物理学実験では，特に断りのない限りこの Δ を確率誤差と呼ぶ．

　標準偏差の検定率（誤差の中に真値が含まれている確率）をある割合に補正して，それを測定値の誤差として扱う場合もある．よく使われる検定率は 50 ％や 98 ％などである．これらの補正は，標準偏差にある定数（α とする）をかければよく，その定数は測定回数によって決まる．最確値の誤差は (13) 式に α をかけた $\alpha\Delta$ として表される．実際に実験データを見る際には，そこで扱っている誤差がどのように定義されているのか注意しておく必要がある．

　ここで，上で用いた $N\Delta^2 = \sigma^2$ の関係を示しておく．N 回の測定で最確値 X_0 を求めたとすると，$\Delta = X - X_0$ は一つ決まる．これを1セットとする．Δ の測定という意味ではこの1セットの測定で1個の Δ_1 が測定されることになる．Δ の平均 $\overline{\Delta}$ を求めるためにはこの N 回の測定を n セットおこなって，それぞれの $\Delta_1, \Delta_1, \cdots, \Delta_n$ を求め，それらの平均をとる．j セット目での平均値を $X_{0,j}$ とすると

$$\overline{\Delta}^2 = \frac{1}{n}\sum_{j=1}^{n}(X - X_{0,j})^2 = \frac{1}{n}\sum_{j=1}^{n}\left(X - \frac{1}{N}\sum_{i=1}^{N}X_{i,j}\right)^2 = \frac{1}{nN^2}\sum_{j=1}^{n}\left(\sum_{i=1}^{N}(X - X_{i,j})\right)^2 \tag{15}$$

となる．ここで，最後の括弧の2乗を計算する際，各項の2乗の部分と，異なる項の間の積の部分に分けて考える．

$$\text{与式} = \frac{1}{nN^2}\sum_{j=1}^{n}\left(\sum_{i=1}^{N}(X-X_{i,j})^2 + \sum_{i=1}^{N}\sum_{k\neq i}(X-X_{i,j})(X-X_{k,j})\right) \tag{16}$$

ここで，和の順序を入れ替えて，先に j に関する和を実行する．括弧内の第1項は σ の定義式と同じ形をしているので

$$\text{第1項} = \frac{1}{N^2}\sum_{i=1}^{n}\left(\frac{1}{n}\sum_{j=1}^{n}(X-X_{i,j})^2\right) = \frac{1}{N^2}\sum_{i=1}^{N}\sigma^2 = \frac{1}{N^2}N\sigma^2 = \frac{\sigma^2}{N} \tag{17}$$

となる．一方，第2項は，各セットの測定が独立であれば $(X-X_{i,j})(X-X_{k,j})$ の各項は正負が入り混じったランダムな数の和になる．ランダムな n 個の数の和はだいたい $\sqrt{n}$ のオーダーとなるので

$$\text{第2項} = \frac{1}{nN^2}\sum_{j=1}^{n}\sum_{k\neq i}\sqrt{n}\,\sigma^2 = \frac{\sigma^2}{nN^2}(N-1)N\sqrt{n} \sim \frac{\sigma^2}{\sqrt{n}} \tag{18}$$

よって，十分大きな n に対して第2項は消える．したがって，$N\Delta^2 = \sigma^2$ の関係が示された．

間接測定の誤差と最確値

　ここまでは直接測定の誤差について扱ってきた．実際の実験のほとんどは直接測定した複数の値を使って計算から測定値を求める間接測定である．間接測定における誤差と最確値について考えよう．

　測定する物理量 W が直接測定可能な量 $X, Y, Z, \cdots$ の関数

$$W = f(X, Y, Z, \cdots) \tag{19}$$

として与えられる場合，各々の $X, Y, Z, \cdots$ に測定値を代入すれば間接測定値が決まるが，各々の $X, Y, Z, \cdots$ の測定値には誤差が伴っているので，間接測定値にどれだけ誤差が伝播するかを調べなければならない．そこで

$$X \text{ の測定値 } X_1, X_2, \cdots \text{ の誤差を } x_1, x_2, \cdots$$
$$Y \text{ の測定値 } Y_1, Y_2, \cdots \text{ の誤差を } y_1, y_2, \cdots$$
$$\vdots \qquad\qquad \vdots$$

とする．これらの誤差により

$$W \text{ の間接測定値 } W_1, W_2, \cdots \text{ の誤差 } w_1, w_2, \cdots$$

が生じたと考えると

$$w_1 = f(X_1+x_1, \quad Y_1+y_1, \ Z_1+z_1, \cdots) - f(X_1, Y_1, Z_1, \cdots)$$
$$w_2 = f(X_2+x_2, \quad Y_2+y_2, \ Z_2+z_2, \cdots) - f(X_2, Y_2, Z_2, \cdots)$$
$$\vdots \qquad\qquad\qquad \vdots$$
$$w_i = f(X_i+x_i, \quad Y_i+y_i, \ Z_i+z_i, \cdots) - f(X_i, Y_i, Z_i, \cdots) \tag{20}$$

x_i は X_i に比べ，十分小であるから，上式は

$$w_1 = \frac{\partial f}{\partial X_1} x_1 + \frac{\partial f}{\partial Y_1} y_1 + \frac{\partial f}{\partial Z_1} z_1 + \cdots$$

$$w_2 = \frac{\partial f}{\partial X_2} x_2 + \frac{\partial f}{\partial Y_2} y_2 + \frac{\partial f}{\partial Z_2} z_2 + \cdots \qquad (21)$$

$$\vdots$$

$$w_i = \frac{\partial f}{\partial X_i} x_i + \frac{\partial f}{\partial Y_i} y_i + \frac{\partial f}{\partial Z_i} z_i + \cdots$$

$$\vdots$$

(21) 式の両辺を自乗し，誤差に対して和をとると

$$\sum_{i=1}^{n} w_i{}^2 = \sum_{i=1}^{n} \left(\frac{\partial f}{\partial X_i} x_i + \frac{\partial f}{\partial Y_i} y_i + \frac{\partial f}{\partial Z_i} z_i + \cdots \right)^2 \qquad (22)$$

右辺において，$\dfrac{\partial f}{\partial X_i}, \dfrac{\partial f}{\partial Y_i}, \dfrac{\partial f}{\partial Z_i}, \cdots$ の測定値による変化は無視できるので

$$\sum_{i=1}^{n} w_i{}^2 = \left(\frac{\partial f}{\partial X} \right)^2 \sum_{i=1}^{n} x_i{}^2 + \left(\frac{\partial f}{\partial Y} \right)^2 \sum_{i=1}^{n} y_i{}^2 + \left(\frac{\partial f}{\partial Z} \right)^2 \sum_{i=1}^{n} z_i{}^2$$

$$+ 2 \frac{\partial f}{\partial X} \frac{\partial f}{\partial Y} \sum_{i=1}^{n} x_i y_i + 2 \frac{\partial f}{\partial Y} \frac{\partial f}{\partial Z} \sum_{i=1}^{n} y_i z_i + \cdots \qquad (23)$$

と書ける．上式で $\sum x_i y_i, \sum y_i z_i, \cdots$ のように誤差の 1 次の積を含む項は，正負の同じ大きさの誤差は同じ確率で現れるという法則より，大きい n に対しゼロとなる．よって

$$\frac{\sum w_i{}^2}{n} = \left(\frac{\partial f}{\partial X} \right)^2 \frac{\sum x_i{}^2}{n} + \left(\frac{\partial f}{\partial Y} \right)^2 \frac{\sum y_i{}^2}{n} + \left(\frac{\partial f}{\partial Z} \right)^2 \frac{\sum z_i{}^2}{n} + \cdots \qquad (24)$$

が得られる．したがって間接測定の確率誤差 Δ は直接測定の確率誤差 $\Delta_x, \Delta_y, \Delta_z, \cdots$ により

$$\Delta^2 = \left(\frac{\partial f}{\partial X} \right)^2 \Delta_x{}^2 + \left(\frac{\partial f}{\partial Y} \right)^2 \Delta_y{}^2 + \left(\frac{\partial f}{\partial Z} \right)^2 \Delta_z{}^2 + \cdots \qquad (25)$$

間接測定の確率誤差

で与えられる．直接測定の最確値は直接測定の算術平均により決まるが，間接測定の最確値は最小二乗法によると少し複雑になる．ここでは，いたずらな煩雑さを避けるために，各直接測定値 X，$Y, Z, \cdots$ の最確値 $X_0, Y_0, Z_0, \cdots$ を使用し

$$W_0 = f(X_0, Y_0, Z_0, \cdots) \qquad (26)$$

間接測定の最確値

と求めておけばよい．この最確値 W_0 は最小二乗法によるものと異なるが，直接測定回数が十分大きければ，このように考えてもよい．測定の回数が少なくてもこのようにして間接測定の最確値を求めることが多い．最終的に測定値は

$$W_0 \pm \Delta \qquad (27)$$

と表される．

価値（加重）平均の平均値

　回数を変えたり，観測者を変えたり，また原理を変えたりして測定する場合がある．各々の測定結果から，平均値を得るのには各々の測定に対する価値（重み）を考え，価値平均を求める．

1回目の測定に対する平均値を q_1，その価値を p_1

2回目の測定に対する平均値を q_2，その価値を p_2

$\vdots \qquad \vdots \qquad \vdots \qquad\qquad\qquad \vdots$

N 回目の測定に対する平均値を q_n，その価値を p_n，

としよう．その真値を Q とすると，i 番目の測定による平均値の誤差は $q_i - Q$ であるから，価値が p_i であることを考慮すると，(17)式に対応して

$$\sum_{i=1}^{N} p_i(q_i - Q)^2 = 最小 \tag{28}$$

を満たす場合が最も起こりやすいと考えられる．そこで(27)式を満足する Q を求め，これを最確値 Q_0 とする．

$$\sum p_i(q_i - Q_0)^2 = 最小 \tag{29}$$

したがって，Q_0 で微分し，0 とおき

$$Q_0 = \frac{\sum\limits_{i=1}^{N} p_i q_i}{\sum\limits_{i=1}^{N} p_i} = \frac{p_1 q_1 + p_2 q_2 + \cdots}{p_1 + p_2 + \cdots} \tag{30}$$

q_i：各測定の平均値　　p_i：各測定の価値

価値平均値（最確値）Q_0

この価値 p_i は各々の測定に対する精度を示すもので各々の誤差を ε_i とすると，p_i は $\varepsilon_i{}^2$ に反比例するものと考えてよい．したがって

$$p_1/\varepsilon_1{}^{-2} = p_2/\varepsilon_2{}^{-2} = \cdots = p_i/\varepsilon_i{}^{-2} = K\,(K は定数) \tag{31}$$

が成立する（各測定の回数が異なっている場合には価値 p_i は，その測定回数に比例してとればよい．なぜならば，$\varepsilon_1{}^2 \propto \dfrac{1}{測定回数}$ であるからである）．

価値平均の確率誤差

　価値平均値に対する確率誤差 σ を次のように定義する．

$$\sigma = \sqrt{\frac{\sum\limits_{i=1} p_i(q_i - Q)^2}{N}} \tag{32}$$

真値 Q は未知であるので，(32)式を残差 $q_i - Q_0$ を使って表さなければならない．直接測定の場合と同様にして，Bessel の式に相当する式が成立することが考えられるので，確率誤差 σ は

$$\sigma = \sqrt{\dfrac{\sum\limits_{i=1}^{N} p_i(q_i - Q_0)^2}{(N-1)\sum\limits_{i=1}^{N} p_i}} \tag{33}$$

q_i：各測定の平均値　　　p_i：各測定の価値

Q_0：価値平均値　　　N：各測定の個数

価値平均の確率誤差 σ

§8　平均値，確率誤差および価値平均の求め方　計算例

8-1　円柱の直径 D および高さ H をマイクロメーターを用いて測定して，体積を求める場合を例にとる．

回数 (N)	零点補正 α_i [mm]	直　径　D		v_i [mm]	v_i^2 [mm^2]
		測定点 d_i [mm]	$D_i = d_i - \alpha_i$		
1	0.002	19.036	19.034	$+0.0008$	64×10^{-8}
2	0.002	19.034	19.032	-0.0012	144×10^{-8}
3	0.000	19.032	19.032	-0.0012	144×10^{-8}
4	0.004	19.038	19.034	$+0.0008$	64×10^{-8}
5	0.000	19.034	19.034	$+0.0008$	64×10^{-8}
最　確　値		$\dfrac{\sum D_i}{N} = 19.0332$		$\sum v_i^2 = 480 \times 10^{-8}$	

最確値は

$$\frac{\sum\limits_{i=1}^{5} D_i}{N} = \frac{95.166}{5} = 19.0332$$

確率誤差 ε_D は

$$\varepsilon_D = \sqrt{\frac{\sum v_i^2}{N(N-1)}} = \sqrt{\frac{4.8 \times 10^{-6}}{5(5-1)}} = 0.0005 \, \text{mm}$$

ゆえに直径 D は

$$D = (19.0332 \pm 0.0005) \, \text{mm}$$

回数 (N)	零点補正 α_i [mm]	高　さ　H		v_i [mm]	$v_i{}^2$ [mm²]
		測定点 h_i [mm]	$H_i = h_i - \alpha_i$		
1	0.000	7.918	7.918	-0.0038	14.4×10^{-6}
2	-0.004	7.918	7.922	-0.0008	0.64×10^{-6}
3	-0.005	7.918	7.923	0.0012	1.44×10^{-6}
4	-0.005	7.918	7.923	0.0012	1.44×10^{-6}
5	-0.005	7.918	7.923	0.0012	1.44×10^{-6}
最　確　値		$\dfrac{\sum H_i}{N} = 7.9218$ mm		$\displaystyle\sum_{i=1}^{5} v_i{}^2 = 1.94\times10^{-5}$	

最確値は

$$\frac{\sum H_i}{N} = 7.9218$$

$$\varepsilon_H = \sqrt{\frac{\sum v_i{}^2}{5\times(5-1)}} = \sqrt{\frac{1.94\times10^{-5}}{20}} = 9.85\times10^{-4}\ \text{mm}$$

ゆえに高さ H は

$$H = (7.922 \pm 0.001)\ \text{mm}$$

円柱の体積 V は

$$V = \frac{\pi}{4} D^2 H \tag{1}$$

体積の確率誤差 E_V は誤差伝播の式（11 頁（25）式より）

$$E_V{}^2 = \left(\frac{\partial V}{\partial H}\right)^2 \cdot \varepsilon_H{}^2 + \left(\frac{\partial V}{\partial D}\right)^2 \cdot \varepsilon_D{}^2 \tag{2}$$

（1）および（2）式から

$$\left(\frac{E_V}{V}\right)^2 = \left(\frac{\varepsilon_H}{H}\right)^2 + 4\left(\frac{\varepsilon_D}{D}\right)^2 \tag{3}$$

となることがわかる（各自証明せよ）．（1）および（3）式の中に測定によって得られた数値を代入すると，

$$V = \frac{3.1416}{4}(19.0332)^2 \cdot (7.922)\ \text{mm}^3 = 2253.9\ \text{mm}^3$$

$$\left(\frac{E_V}{V}\right)^2 = \left(\frac{0.00098}{7.922}\right)^2 + 4\left(\frac{0.0005}{19.0332}\right)^2$$

$$E_V = 0.28\ \text{mm}^3$$

　このとき算出した誤差は 1 桁にまとめ，測定の表示も誤差が含まれる桁までを書くこと．
ゆえに

$$V = (2253.9 \pm 0.3)\ \text{mm}^3$$

8-2 体積の最確値とその確率誤差を用いて，価値平均を求める場合を例に示した．

いま，A, B, C 3 名のメンバーで構成される班で同一の試料（外径 D，高さ H の円柱）について，各メンバーがそれぞれ 5 回ずつ独立に測定し，各々の測定したデータをもとに体積の最確値とその確率誤差を測定したところ，以下のような結果が得られた．

$$\text{A 君の結果：} V_{\mathrm{A}} = (2253.9 \pm 0.2)\,\mathrm{mm}^3$$
$$\text{B 君の結果：} V_{\mathrm{B}} = (2253.7 \pm 0.3)\,\mathrm{mm}^3$$
$$\text{C 君の結果：} V_{\mathrm{C}} = (2254.3 \pm 0.5)\,\mathrm{mm}^3$$

このとき，単純にこれらの算術平均を使って平均値を求めると，平均値に含まれる誤差が一番精度の悪い値（この場合は，確率誤差が一番大きい C 君の結果）の程度になってしまう．そこで，確率誤差の値が小さいほど精度が高いといえるのだから，確率誤差の値の小さいものほど平均操作において寄与の度合が高くなるような平均の仕方を使う．これを価値平均，または加重平均，重み付き平均などという．

具体的には，まず確率誤差 ε_i の 2 乗に反比例するように各測定値 q_i の価値（重み）P_i を決める．つまり，

$$P_1 \cdot \varepsilon_1{}^2 = P_2 \cdot \varepsilon_2{}^2 = P_3 \cdot \varepsilon_3{}^2 = K$$

となるような適当な比例定数 K を決める．

上の例では

$$(0.2)^2 \cdot P_1 = (0.3)^2 \cdot P_2 = (0.5)^2 \cdot P_3 = K$$

となるから，$K = 0.25$ とすれば

$$P_1 = \frac{25}{4}, \qquad P_2 = \frac{25}{9}, \qquad P_3 = 1$$

となる．そこで，

$$\overline{V} = \frac{P_1 \cdot q_1 + P_2 \cdot q_2 + P_3 \cdot q_3}{P_1 + P_2 + P_3}$$

のように価値平均値を計算する．

この例では

$$\overline{V} = \frac{\dfrac{25 \times 2253.9}{4} + \dfrac{25 \times 2253.7}{9} + 2254.3}{\dfrac{25}{4} + \dfrac{25}{9} + 1} = 2253.88\,\mathrm{mm}^3$$

となる．このようにして決めた価値を用いて，価値平均値の確率誤差 σ は

$$\sigma = \sqrt{\frac{\dfrac{25 \times (2253.9 - 2253.88)^2}{4} + \dfrac{25 \times (2253.7 - 2253.88)^2}{9} + (2254.3 - 2253.88)^2}{2\left(\dfrac{25}{4} + \dfrac{25}{9} + 1\right)}}$$
$$= 0.1$$

となる．以上を「誤差は 1 桁，最確値は最初に誤差を含む桁まで」というルールに従ってまとめると，体積の価値平均値とその誤差は以下のようになる．

$$\overline{V} = (2253.9 \pm 0.1)\,\mathrm{mm}^3$$

§9 最小二乗法

前節までにおいて，直接測定できる量を，同一条件で多数測定し，目的とする物理量の最確値とその確率誤差を求める方法について述べた．

しかし，ある物理量によっては，本質的に条件を変えなければ得られないものも多い．たとえば，熱膨張係数や電気抵抗の温度係数がそれであって，これらは，温度を変化させながら，長さ，または，抵抗値を測定しなければ得られない量である．いま，長さ，または，抵抗を y，温度を x とすれば，y は x の関数であり，近似的に，

$$y = f(x) \fallingdotseq a_0(1 + \alpha x) \tag{1}$$

とおける．x と y の組を，条件を変えて多数回測定し，これより，関数に含まれている定数 a_0，α などを決定する方法に最小二乗法がある．この最小二乗法は，実験データの解析にしばしば使われるので，以下にこれについて簡単に述べる．

最小二乗法は，ある物理量 y が他の多数の物理量 $z_1, z_2, \cdots$ の関数 $y = g(z_1, z_2, \cdots)$ として取り扱うのが一般的であるが，ここでは，物理量 y が１つの物理量 x のみの関数であって，しかも，x のべき級数

$$y = f(x) = a_0' + a_1'x + a_2'x^2 + \cdots + a_m'x^m \tag{2}$$

で与えられる場合について述べる．ここで，$a_0', a_1', \cdots, a_m'$ は定数であるが，(1)式でもわかるように物理定数などに関与する定数である．

条件を変えて，x と y の組を多数回（少なくとも $m+1$ 回以上）測定し，$a_0', a_1', \cdots, a_m'$ を決定する場合について考える．したがって，ここでは，$a_0', a_1', \cdots, a_m'$ を**未知量**と呼ぶことにする．

いま n 個の x と y の測定値を $(x_1, y_1), (x_2, y_2), \cdots, (x_n, y_n)$ とすれば，n 個の測定値に関する方程式

$$\left.\begin{array}{c} a_0' + a_1'x_1 + a_2'x_1^2 + \cdots + a_m'x_1^m = y_1 \\ a_0' + a_1'x_2 + a_2'x_2^2 + \cdots + a_m'x_2^m = y_2 \\ \cdots\cdots \\ a_0' + a_1'x_i + a_2'x_i^2 + \cdots + a_m'x_i^m = y_i \\ \cdots\cdots \\ a_0' + a_1'x_n + a_2'x_n^2 + \cdots + a_m'x_n^m = y_n \end{array}\right\} \tag{3}$$

が得られる．これらは測定方程式と呼ばれ，未知量 $a_0', a_1', \cdots, a_m'$ に関する多元１次方程式である．$n = m+1$ なら $a_0', a_1', \cdots, a_m'$ は一義的に決まる．しかし，x_i, y_i は測定によって得られた値であるから，すでに述べたように，偶然誤差などを含んでいる．$a_0', a_1', \cdots, a_m'$ を精度よく決定するには，n をできるだけ大きくとればよいが，$n > m+1$ では $a_0', a_1', \cdots, a_m'$ は一義的には決まらない．

そこで，$a_0', a_1', \cdots, a_m'$ の最も信頼し得る値をそれぞれ $a_0, a_1, a_2, \cdots, a_m$（これから求める量である）とすれば，(3)式に相当する式

$$\left.\begin{array}{l} a_0 + a_1 x_1 + a_2 x_1{}^2 + \cdots + a_j x_1{}^j + \cdots + a_m x_1{}^m \equiv f(x_1) \cong y_1 \\ a_0 + a_1 x_1 + a_2 x_2{}^2 + \cdots + a_j x_2{}^j + \cdots + a_m x_2{}^m \equiv f(x_2) \cong y_2 \\ \cdots\cdots \\ a_0 + a_1 x_i + a_2 x_i{}^2 + \cdots + a_j x_i{}^j + \cdots + a_m x_i{}^m \equiv f(x_i) \cong y_i \\ \cdots\cdots \\ a_0 + a_1 x_n + a_2 x_n{}^2 + \cdots + a_j x_n{}^j + \cdots + a_m x_n{}^m \equiv f(x_n) \cong y_n \end{array}\right\} \tag{4}$$

を得る．一般には，$f(x_i)$ と y_i は等しいとは限らない．そこで，この差を v_i として，

$$y_i - (a_0 + a_1 x_i + a_2 x_i{}^2 + \cdots + a_j x_i{}^j + \cdots + a_m x_i{}^m) = v_i \tag{5}$$

で与えられるものとする．v_i を残差と呼ぶ．この残差の二乗の和を V とする．すなわち，

$$V = \sum_{i=1}^{n} v_i{}^2 \tag{6}$$

この V を最小とする $a_0, a_1, a_2, \cdots, a_j, \cdots, a_m$ を決定するのが最小二乗法の原理である．

いま，未知量 $a_j{}'$ の最も信頼し得る値 a_j を求める場合について考える．(5) 式の左辺において，$a_j x_i{}^j$ 以外の項は定数とみなし，これを A_i とおくと，(5) 式は

$$A_i - a_j x_i{}^j = v_i \tag{7}$$

となる．この式の二乗の和を V_j とすれば，次式

$$V_j = \sum_{i=1}^{n} v_i{}^2 = (A_1 - a_j x_1{}^j)^2 + (A_2 - a_j x_2{}^j)^2 + \cdots + (A_n - a_j x_n{}^j)^2 \tag{8}$$

を得る．a_j は V_j を最小とする最も信頼し得る値であるから，そのための必要条件

$$\frac{\partial V_j}{\partial a_j} = \frac{\partial}{\partial a_j}\left(\sum_{i=1}^{n} v_i{}^2 \right) = 0 \tag{9}$$

を満たしていなければならない．

(5) 式を用いて (9) 式を計算すると次式を得る．

$$\sum_{i=1}^{n} x_i{}^j a_0 + \sum_{i=1}^{n} x_i{}^{j+1} a_1 + \sum_{i=1}^{n} x_i{}^{j+2} a_2 + \cdots + \sum_{i=1}^{n} x^{2j} a_j + \cdots + \sum_{i=1}^{n} x_i{}^{j+m} a_m = \sum_{i=1}^{n} x_i{}^j y_i \tag{10}$$

これを $j = 0$ から m までについての各式に書き下せば，$\sum x_i{}^0 = n$ であることに注意して，

$$\left.\begin{array}{l} n a_0 + \sum_{i=1}^{n} x_i a_1 + \sum_{i=1}^{n} x_i{}^2 a_2 + \cdots + \sum_{i=1}^{n} x_i{}^m a_m = \sum_{i=1}^{n} y_i \\ \sum_{i=1}^{n} x_i a_0 + \sum_{i=1}^{n} x_i{}^2 a_1 + \sum_{i=1}^{n} x_i{}^3 a_2 + \cdots + \sum_{i=1}^{n} x_i{}^{m+1} a_m = \sum_{i=1}^{n} x_i y_i \\ \cdots\cdots \\ \sum_{i=1}^{n} x_i{}^m a_0 + \sum_{i=1}^{n} x_i{}^{m+1} a_1 + \sum_{i=1}^{n} x_i{}^{m+2} a_2 + \cdots + \sum_{i=1}^{n} x_i{}^{2m+1} a_m = \sum_{i=1}^{n} x_i{}^m y_i \end{array}\right\} \tag{11}$$

となる．これは，未知量の最も信頼し得る値 $a_0, a_1, \cdots, a_m$ についての $(m+1)$ 元 1 次方程式である．この解は次式で与えられる．

$$a_0 = \frac{|d_0|}{|D|}, \ a_1 = \frac{|d_1|}{|D|}, \ \cdots, \ a_j = \frac{|d_j|}{|D|}, \ \cdots, \ a_m = \frac{|d_m|}{|D|} \tag{12 a}$$

ここで，$|D|$ は (11) 式の左辺の係数行列の行列式

$$|D| = \begin{vmatrix} n & \sum\limits_{i=1}^{n} x_i & \sum\limits_{i=1}^{n} x_i{}^2 & \cdots & \sum\limits_{i=1}^{n} x_i{}^m \\ \sum\limits_{i=1}^{n} x_i & \sum\limits_{i=1}^{n} x_i{}^2 & \sum\limits_{i=1}^{n} x_i{}^3 & \cdots & \sum\limits_{i=1}^{n} x_i{}^{m+1} \\ & & \cdots\cdots & & \\ & & \cdots\cdots & & \\ \sum\limits_{i=1}^{n} x_i{}^m & \sum\limits_{i=1}^{n} x_i{}^{m+1} & \sum\limits_{i=1}^{n} x_i{}^{m+2} & \cdots & \sum\limits_{i=1}^{n} x_i{}^{2m} \end{vmatrix} \tag{12 b}$$

であり，また $|d_j|$ は

$$|d_j| = \begin{vmatrix} n & \sum\limits_{i=1}^{n} x_i & \sum\limits_{i=1}^{n} x_i{}^2 & \cdots & \sum\limits_{i=1}^{n} x_i{}^{j-1} & \sum\limits_{i=1}^{n} y_i & \sum\limits_{i=1}^{n} x_i{}^{j+1} & \cdots & \sum\limits_{i=1}^{n} x_i{}^m \\ \sum\limits_{i=1}^{n} x_i & \sum\limits_{i=1}^{n} x_i{}^2 & \sum\limits_{i=1}^{n} x_i{}^3 & \cdots & \sum\limits_{i=1}^{n} x_i{}^j & \sum\limits_{i=1}^{n} x_i y_i & \sum\limits_{i=1}^{n} x_i{}^{j+2} & \cdots & \sum\limits_{i=1}^{n} x_i{}^{m+1} \\ & & & & \cdots\cdots & & & & \\ & & & & \cdots\cdots & & & & \\ \sum\limits_{i=1}^{n} x_i{}^m & \sum\limits_{i=1}^{n} x_i{}^{m+1} & \sum\limits_{i=1}^{n} x_i{}^{m+2} & \cdots & \sum\limits_{i=1}^{n} x_i{}^{j+m-1} & \sum\limits_{i=1}^{n} x_i{}^m y_i & \sum\limits_{i=1}^{n} x_i{}^{j+m+1} & \cdots & \sum\limits_{i=1}^{n} x_i{}^{2m} \end{vmatrix} \tag{12 c}$$

である．たとえば，(1)式で与えられる物理量 x と y を1組として，n回$(n>2)$測定したときの a_0 および $a_1 = (a_0 a)$ は，それぞれ

$$a_0 = \frac{\begin{vmatrix} \sum\limits_{i=1}^{n} y_i & \sum\limits_{i=1}^{n} x_i \\ \sum\limits_{i=1}^{n} x_i y_i & \sum\limits_{i=1}^{n} x_i{}^2 \end{vmatrix}}{\begin{vmatrix} n & \sum\limits_{i=1}^{n} x_i \\ \sum\limits_{i=1}^{n} x_i & \sum\limits_{i=1}^{n} x_i{}^2 \end{vmatrix}} = \frac{\left(\sum\limits_{i=1}^{n} y_i\right)\left(\sum\limits_{i=1}^{n} x_i{}^2\right) - \left(\sum\limits_{i=1}^{n} x_i\right)\left(\sum\limits_{i=1}^{n} (x_i y_i)\right)}{n\sum\limits_{i=1}^{n} x_i{}^2 - \left(\sum\limits_{i=1}^{n} x_i\right)^2} \tag{13 a}$$

$$a_1 = \frac{\begin{vmatrix} n & \sum\limits_{i=1}^{n} y_i \\ \sum\limits_{i=1}^{n} x_i & \sum\limits_{i=1}^{n} x_i y_i \end{vmatrix}}{\begin{vmatrix} n & \sum\limits_{i=1}^{n} x_i \\ \sum\limits_{i=1}^{n} x_i & \sum\limits_{i=1}^{n} x_i{}^2 \end{vmatrix}} = \frac{n\left(\sum\limits_{i=1}^{n} (x_i y_i)\right) - \left(\sum\limits_{i=1}^{n} y_i\right)\left(\sum\limits_{i=1}^{n} x_i\right)}{n\sum\limits_{i=1}^{n} x_i{}^2 - \left(\sum\limits_{i=1}^{n} x_i\right)^2} \tag{13 b}$$

となる．

　物理量 x と y の関数形が(2)式と異なっていても，適当な変換により，(2)式と同じ関数形にすることが可能なら，さきに述べた結果［(12)式］をそのまま用いることができる．たとえば，半導体の電気抵抗 R は絶対温度 T に対して，次のように変化する．

$$R = R_0 e^{\frac{E}{2kT}} \tag{14}$$

ここで，R_0, E, k は定数である．この式の両辺の対数をとった式

$$\log_e R = \log_e R_0 + \frac{E}{2k} T^{-1} \tag{15}$$

において，$\log_e R = y$，$T^{-1} = x$ とおけば (2) 式の $m = 1$ とおいたもの，または，(1) 式と同じ関数形を与えることがわかるであろう．

§ 10 測定の精度

ここまでは複数回測定を行ったときの誤差の統計的な取り扱い方を述べてきた．ところで測定回数の少ない実験データを扱う場合，統計的な誤差よりも各測定の精度の方が重要になる．測定精度は**相対誤差**をもって表されることが多い．相対誤差とは，絶対誤差 $x_i = M_i - X$ を X_i で割った値 ϵ_i である．

$$\epsilon_i = \left| \frac{x_i}{X} \right| \tag{16}$$

ϵ_i は 1 より小さい数であるから百分率で表したり，分数のまま呼んだりする．工業で誤差率と呼ばれているものはこの ϵ_i を百分率で表したものである．ϵ_i が小さい測定ほど精度がよいという．例えば，ある棒の長さを測定したとき，同じ $0.5\,\mathrm{cm}$ の誤差が存在したとしても，長さ $10\,\mathrm{cm}$ の棒の場合，相対誤差は 5 % であり，長さ $1\,\mathrm{m}$ の棒の場合では相対誤差は 0.5 % である．明らかに前者より後者の方が測定の精度がよい．

実験では真の値 X_i は知り得ないから，統計的な誤差の取り扱いと同じように X_i の代わりに測定値 M_i を用いる．x_i は M_i に比べてその絶対値が小さいから

$$\frac{x_i}{X_i} = \frac{x_i}{M_i \pm x_i} = \frac{x_i}{M_i} \cdot \frac{1}{1 \pm \frac{x_i}{M_i}} = \frac{x_i}{M_i}\left(1 \mp \frac{x_i}{M_i} + \frac{x_i^2}{M_i^2} \mp \cdots \right) \approx \frac{x_i}{M_i} \tag{17}$$

として差し支えない．x_i も分からないから，実際の実験では測定器の限度値（最小目盛程度）を用いる．これが直接測定の測定精度になる．

次に間接測定の場合の精度を求めよう．$x_1, x_2, x_3, \cdots$ の複数の測定値の組み合わせから y という量が得られるとする．

$$y = f(x_1, x_2, x_3, \cdots) \tag{18}$$

$x_1, x_2, x_3, \cdots$ にそれぞれ $\Delta x_1, x_2, \Delta x_3, \cdots$ の誤差がある場合に，y に生じる誤差 Δy_1 は

$$\Delta y = f(x_1 + \Delta x_1, x_2 + \Delta x_2, x_3 + \Delta x_3 \cdots) - f(x_1, x_2, x_3, \cdots) \tag{19}$$

である．$\Delta x_1, \Delta x_2, \Delta x_3, \cdots$ が十分小さければ上式を Taylor 展開し，それらの 2 次以上の項を無視すれば

$$\Delta y = \frac{\partial f}{\partial x_1} \cdot \Delta x_1 + \frac{\partial f}{\partial x_2} \cdot \Delta x_2 + \frac{\partial f}{\partial x_3} \cdot \Delta x_3 + \cdots \tag{20}$$

となる．この (20) 式の両辺を y で割れば

$$\frac{\Delta y}{y} = \frac{\partial f}{\partial x_1} \cdot \frac{\Delta x_1}{y} + \frac{\partial f}{\partial x_2} \cdot \frac{\Delta x_2}{y} + \frac{\partial f}{\partial x_3} \cdot \frac{\Delta x_3}{y} + \cdots \tag{20}$$

$\dfrac{\partial f}{\partial x}$ には測定値を代入するからその正負は明らかになるが，誤差 Δx は大きさの程度は分かるが正か負か分からない．最悪の場合を考えれば，右辺全項が同符号となったとき $\left|\dfrac{\Delta y}{y}\right|$ は最大になる．このようなことを考えるとき，われわれは習慣上，間接測定の精度を言い表すのに (20) 式の右辺はすべて正の値をとって加え合わせることにしている．したがって，間接測定の精度 $\left|\dfrac{\Delta y}{y}\right|$ は

$$\left|\frac{\Delta y}{y}\right| = \left|\frac{\partial f}{\partial x_1} \cdot \frac{\Delta x_1}{y}\right| + \left|\frac{\partial f}{\partial x_2} \cdot \frac{\Delta x_2}{y}\right| + \left|\frac{\partial f}{\partial x_3} \cdot \frac{\Delta x_3}{y}\right| + \cdots \tag{21}$$

で表される．もし，(21) 式の右辺の各項目のうちどれか 1 つだけでも特に精度の悪いものがあれば，他がいくら精度のよいものであっても $\left|\dfrac{\Delta y}{y}\right|$ はもっとも精度の悪い項と同程度になってしまう．したがって，実験に際しては各測定の精度をできるだけそろえることが望ましい．

また本物理学実験では，この測定器の限度値によって決まる誤差 Δy を機械誤差と呼ぶ．統計的な誤差を扱うときにも，常に機械誤差の大きさを把握しておく必要がある．統計的な誤差が機械誤差より小さい場合，統計的な誤差にほとんど意味はない．測定精度内のばらつきを扱っていることになるからである．

円柱の直径 D および高さ H を測定して体積 V を求める場合を例にとってみよう．体積の式は

$$V = \frac{\pi}{4} D^2 H \tag{22}$$

なので

$$\Delta V = \frac{1}{4} \cdot D^2 \cdot H \cdot \Delta \pi + \frac{\pi}{4} \cdot H \cdot 2D \cdot \Delta D + \frac{\pi}{4} \cdot D^2 \cdot \Delta H \tag{23}$$

よって

$$\left|\frac{\Delta V}{V}\right| = \left|\frac{\Delta \pi}{\pi}\right| + 2\left|\frac{\Delta D}{D}\right| + \left|\frac{\Delta H}{H}\right| \tag{24}$$

なお，ここでは円周率 π についても測定値 D および H と同じ考えで取り扱った．

例えば，$D \approx 2\,\text{mm}$，$H \approx 50\,\text{mm}$ の円柱の体積を求めるために，ノギスを用いて測定したものとしよう．ノギスの読み取りの最小目盛は $\dfrac{1}{20}\,\text{mm}(0.05\,\text{mm})$ であるから，$\Delta D \approx \Delta H \approx 0.05\,\text{mm}$ と考えれば

$$\left|\frac{\Delta V}{V}\right| = 2\left|\frac{0.05}{2.00}\right| + \left|\frac{0.05}{50.00}\right| \approx + \left|\frac{1}{20}\right| + \left|\frac{1}{1000}\right|$$

となり（ここでは $\Delta \pi = 0$ とした），$\left|\dfrac{\Delta V}{V}\right|$ は $\left|\dfrac{\Delta D}{D}\right|$ の項によって支配されており，H のみを精度よく測定しても意味のないことがわかる．ここで $\left|\dfrac{\Delta V}{V}\right| \approx \dfrac{1}{200}$ の程度で決定したい場合には，D はマイクロメータを用いて $\dfrac{0.5}{100}\,\text{mm}$ まで，H は 1 mm 間隔の通常の物差しを用いて $\dfrac{1}{10}\,\text{mm}$ まで測定し，また $\pi = 3.14$ とおいて計算してよいことがわかる．$\Delta D \approx 0.005\,\text{mm}$，$\Delta \approx 0.1\,\text{mm}$，$\Delta \pi = 3.1416 - 3.1400 \approx 0.002$ として (23) 式に代入して確かめてみよ．

§ 11 実験器具の構造および使用法

マイクロメーター：この器具はねじの回転とその歩みとが比例することを利用したものである．この実験に用いるものは図4に示した構造で，ラチェットストップを回してみるとスピンドルとシンブルとが一緒に回転する．スピンドルねじのピッチ（歩み）は 0.50 mm で，またシンブルの円周目盛が 50 等分してあるから，シンブルの1目盛回転によるスピンドルの移動値 M は

$$M = 0.5\,\text{mm} \times \frac{1}{50} = \frac{1}{100}\,\text{mm}\,（または 0.01\,\text{mm}）$$

となり，スピンドルの移動値 0.01 mm がシンブルの1目盛に拡大されて観測できる．このようにしてアンビルとスピンドルとの間にはさまれた物体の長さは，まずスリーブに刻んである目盛で 0.5 mm のところまでを読んでおき，それに 0.5 mm より小さい量をシンブルにある目盛で読んで加え合わせると得られる．

マイクロメーターの生命はねじそれ自身と，測定物に接するアンビル，スピンドル両端面である．この両端面は互いに平行でねじの軸に直角になっており，この端面にガラス板をのせて単色光を当てると，干渉縞が現れる程度に平らにみがかれたものであるが，使用度数が重なると摩滅してくるから，この両端面を密着させたときの読みは必ずしも 0.000 とはならない（零点の補正）．そこでまず第一にこれを読み取って物体をはさんだときの読みを補正しなければならない．次に重要なのは測定圧で，ねじをわずかの力で回してもその軸方向に押す力は非常に大きいから，アンビル・スピンドル間が閉じた状態でもいくらか読みが変わる．これを防ぐにはラチェットストップをつまんで静かに物体に触れさせるようにする．

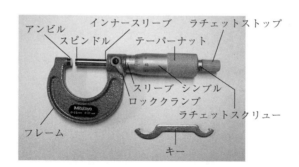

図4 マイクロメーター分解図

この場合のゼロ点補正は −0.005 mm

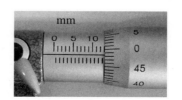

物をはさんだ場合の読みは 12.984 mm

図5 マイクロメーターの読み方

ノギス：構造は図6に示したように簡単である．挟指 AB に固定した主尺目盛と，これに対し可動する挟指 CD および副尺よりなる．

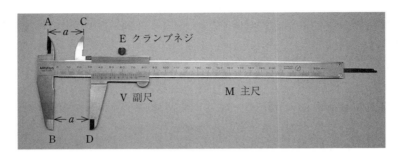

図 6

2種類の挟指 AC，BD はそれぞれ AC は内径の測定に，BD は外径の測定に便利なようになっている．主尺は通常の1mm 目盛で，図の状態では AC 間の長さ（または BD 間）a が副尺目盛の基線0の位置にある主尺目盛を読めばよい．しかしこの方法では主尺目盛で制限されてしまっているので，1mm より小さい量は目測以外読む方法がない．この不満を解決してくれるものが副尺目盛である．そこで副尺目盛を調べてみると 39 mm の間隔を 20 等分してあることがわかる．ということは副尺の1目盛は2mm よりも $\frac{1}{40}$（$= 0.05$ mm）短い $\frac{78}{40}$ mm（1.95 mm）になっている．このことが1mm よりも小さい長さを知ることのできる機構なのである．次にこの副尺を用いて1mm よりも小さい長さを読み取る方法を簡単に説明しよう．

図7を例にとると主尺目盛だけで9mm までは容易に読み取れる．

主尺の矢印 A で9mm の目盛線を出発点として（図の A より右側），これよりはみ出している1mm より小さい量について考えることにする．そこでの出発点矢印 A（9mm の目盛線）よりはみ出した部分の長さを x とし，さらに副尺目盛を右に見ていくと主尺の目盛と副尺の目盛線とが一直線に並ぶ箇所が見つかる．このときここまでの副尺目盛の個数を n とすると（図では矢印 B で3個）

$$x = \frac{1}{20}\,\text{mm} \times n = \frac{1}{20}\,\text{mm} \times 3 = 0.15\,\text{mm}$$

として1mm に満たない部分の長さがわかるから，これに先程読んでいた9mm と加え合わせて物体の長さを 0.05 mm までの精確さで測定できることになる（図の例では 9.15 mm となる）．

以上のことをもう少し数学的に説明すると次のようになる．x は必ず1mm（主尺1目盛）より小

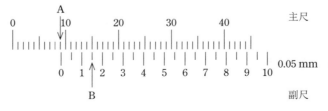

図 7

である．また副尺の目盛方から考えると，副尺目盛線が主尺1目盛の間に2本入ることは絶対にない．

したがって主尺，副尺の目盛線が一直線に並んでいる位置と出発点（図7のAB）との間には主尺，副尺ともに n 個の目盛が存在するから次の関係が成り立つ．

$$2\,\mathrm{mm} \times n = x\,\mathrm{mm} + \frac{39}{20}\,\mathrm{mm} \times n$$

$$\therefore \quad x = \left(2 - \frac{39}{20}\right)\mathrm{mm} \times n = \frac{1}{20}\,\mathrm{mm} \times n$$

なお注意すべきことは，ノギスの副尺には目盛の数を表す n のかわりに x を10倍した数字が刻印されているから間違わないようにする．

たとえば，$n = 4$ の位置には，ここで目盛線が一致したとき $x = 0.2\,\mathrm{mm}$ なので刻印は2となっており，$n = 16$ の位置には，ここで目盛線が一致したとき $x = 0.8\,\mathrm{mm}$ なので刻印は8となっている．

電気計器

物理実験の中で，しばしば使われる測定器について，一般的な使い方と原理を簡単に説明する．

（I）電流計，電圧計

各種の電流計，電圧計は，その記号，動作原理による形と使用例が目盛板に示されている．

（a）　－ 直流用　　⊥ 取付位置垂直

　　　　～ 交流用　　∠ 取付位置斜

　　　　≃ 交直両用　　□ 使用位置水平

（b）動作原理による形と使用例

型　　式	記　　号	文字記号	使用回路	使　用　範　囲		
				電流 A	電圧 V	周波数 c/s
可動コイル型	⌓	M	直　流	$5 \times 10^{-6} \sim 10^2$	$10^{-6} \sim 6 \times 10^2$	
可動鉄片型		S	交直流	$10^{-2} \sim 3 \times 10^2$	$10 \sim 10^{33}$	< 500
熱　線　型		H	交直流	$10^{-2} \sim 10^2$	$1 \sim 10^2$	$< 10^6$
熱　電　対　型		T	交直流	$10^{-3} \sim 5$	$0.5 \sim 150$	$< 10^8$
整　　流　　型		R	直　流	$5 \times 10^{-4} \sim 10^{-1}$	$3 \sim 10^3$	$< 10^4$

実際に使用するとき，「直流，交流」の区別と「使用位置」を間違えないようにすることが大切である．なぜなら，正しく使わない場合は測定値が不正確になるばかりでなく，計器自身を破損する場合もあるから十分に注意して取り扱うこと．また，計器は被測定電圧あるいは被測定電流に応じた測定範囲（レンジ）を使用すること（たとえば，電圧計なら1V，10V，100V用の端子，電流計なら，1mA，3mA，10mA，30mA，100mA用の端子などが別々に取り付けられている）．

(c)　電流計，電圧計の級

級	用　　　途	外　　　観	使用位置
0.2	実験室用特殊精密級	大型，ミラー・スケール	
0.5	携帯用精密級	ミラー・スケール	
1.0	小型携帯用	ミラー・スケール	
1.5	大型配電盤用，工業用	種類多し	
2.5	小型パネル	角型 120, 85, 65, 52 丸型　65, 52, 45, 38	

　級の数値は確度（許容誤差の全目盛に対する %）を表す．たとえば「class 1.0」とか「1.0 級」というように記入されている．確度の意味は最大 100 V のレンジで測定する場合の誤差は ±1 V ということであり，100 V より少ない電圧を測定しても最大 ±1 V の誤差を含むということである．したがって，9 V 電圧を計るときは 100 V レンジを使うよりは 10 V レンジを使う方が誤差がはるかに少ないのである．

温　度　計

　ガラス製温度計の公差はかなり大きい．一般的にいって，1 最小目盛程度の公差が許されている．すなわち，0.5 ℃目盛 100 ℃の温度計で 1/200 程度の信頼性である．厳密な測定をするときは，必ず補正曲線をもとめなければならない（テーマによっては温度計使用の場合があるから補正が必要かどうか考えよ）．たとえば，水銀温度計を読むとき，眼を目盛面に垂直な位置に置いて読まないと正しくない．たとえば図 8 において，1 の眼の位置での読みが正しく，2 では過大，3 では過少である．この種のくい違いは視差と呼ばれる．

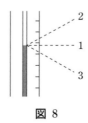

図 8

§ 12 長さの測定

1. 実験目的

ノギス，マイクロメーターの取り扱いを学ぶと同時に，それらの器具を用いて，以下の測定を行う．

(1) ノギスを用いて窪み付き円柱の体積を測定する．

(2) マイクロメーターを用いて円柱の体積を測定する．

2. 実験方法

(1) ノギスによる測定

与えられた試料すなわち円形の窪みのある円柱の外径，内径，高さおよび深さをそれぞれ3回測定し，表1のようにまとめる．

ただし，ノギスを使用する際，

(ｉ) 測定値は副尺を用いて 0.05 mm の精確さで測定すること（1/100 mm の桁は 0 または 5 となる）．

(ｉｉ) 測定の前に，必ず零点（0.00 mm）がずれていないことを確認すること（テキストの p. 22 を参照せよ）．

(2) マイクロメーターによる測定

与えられた試料すなわち円柱の直径と高さをそれぞれ5回測定し，表1のようにまとめる．

ただし，マイクロメーター使用の際，

(ｉ) 測定はラチェットストップを静かに回転させて行う．

(ｉｉ) シンブル上の目盛で 0.001 mm の精確さで測定する．

(ｉｉｉ) スピンドルの1回転は 0.5 mm である（2回転目は 0.5 mm をプラスする）．

(ｉｖ) 測定ごとに必ず零点を読んで補正する（必ずしも 0.000 mm とは限らない．テキストの p. 21 を参照せよ）．

表1

1. 窪み付き円柱の体積測定

測定器具　ノギス

回数	直径 [mm]	内径 [mm]	高さ [mm]	深さ [mm]
1				
2				
3				
最確値				

2. 円柱の体積測定

測定器具　マイクロメーター

直径 D の測定

回数 （N）	零点補正 a_i [mm]	直径 D [mm]		v_i [mm]	$v_i{}^2$ [mm²]
		測定点 d_i [mm]	$D_i = d_i - a_i$		
1					
2					
3					
4					
5					
最確値 $\dfrac{\sum D_i}{N} =$				$\displaystyle\sum_{i=1}^{5} v_i{}^2 =$	

高さ H の測定

回数 （N）	零点補正 a_i [mm]	高さ H [mm]		v_i [mm]	$v_i{}^2$ [mm²]
		測定点 h_i [mm]	$H_i = h_i - a_i$		
1					
2					
3					
4					
5					
最確値 $\dfrac{\sum H_i}{N} =$				$\displaystyle\sum_{i=1}^{5} v_i{}^2 =$	

3. 測定値の整理

（1）　ノギスによる測定結果から，円形の窪みのある円柱の体積を求めよ．

（2）　マイクロメーターによる測定結果から，円柱の体積とその確率誤差を求めよ（テキスト p. 14 ～16 を参照せよ）．

（3）　班全員の（2）の計算結果から，円柱の体積の価値平均値と価値平均の確率誤差を求めよ（テキストの p. 15 を参照せよ）．この段階で，各人のデータを互いに比較し，確率誤差の幅を越えて離散していないかを確認すること．バラけている時は，元データ（の取り方）までもどって検証し，原因を確認すること．場合によってはデータを取り直すべきで，その方が早いことも多い．バラバラのままでは，次項の価値平均を取る意味がない．

第2編

実験

1. ヤング率測定

§1 目　的

Ewing の装置によるヤング率測定法を理解し，この装置を用いて金属棒のヤング率を求める．また"光のてこ"による微小長さの測定法もあわせて理解することを目的とする．

§2 理　論

幅 a，厚さ b，Young 率 E の一様な棒を曲げると図1 (a) のように長さの方向 AA′ は伸び，BB′ は縮み，その中間は伸び縮みしない中立層 NN′ となる．図1 (a) のように棒の微小の長さ $\mathrm{d}x$ を考え OC = OC′ = ρ を曲率半径とする曲面の中立層から z と $z+\mathrm{d}z$ との距離にはさまれた $\mathrm{d}z$ の薄い層の伸びの割合 ε は，

$$\varepsilon = \frac{(\rho+z)\,\mathrm{d}\theta - \rho\,\mathrm{d}\theta}{\rho\,\mathrm{d}\theta} = \frac{z}{\rho}$$

したがって，中立層の上下の引っ張りまたは圧縮の応力 p はつぎのようになる．

$$p = E\varepsilon = E\frac{z}{\rho}$$

これにより断面は中立層のまわりに偶力のモーメントをうける．幅 a，厚さ $\mathrm{d}z$ の微小断面の全応力は

$$pa\,\mathrm{d}z = Eaz\frac{\mathrm{d}z}{\rho}$$

断面全体に働く応力の中立層のまわりのモーメントの和 L の大きさは

$$L = \int_{-\frac{b}{2}}^{\frac{b}{2}} paz\,\mathrm{d}z = \int_{-\frac{b}{2}}^{\frac{b}{2}} \left(Ea\frac{z^2}{\rho}\right)\mathrm{d}z = \left(\frac{E}{\rho}\right)\int_{-\frac{b}{2}}^{\frac{b}{2}} az^2\,\mathrm{d}z \tag{1}$$

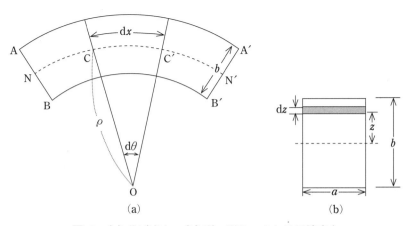

(a)　　　　　　　　　　　(b)

図 1　(a) 曲げ応力　(b) 引っ張り，または圧縮応力

ここで $\int_{-\frac{b}{2}}^{\frac{b}{2}} az^2 \, \mathrm{d}z = I$ は面積密度 1 の断面と同形の薄い板の慣性モーメントで，断面の形や大きさで決まる．一般に L は

$$L = \frac{IE}{\rho} \qquad (2)$$

と表される．

ここで図 2 のような一端 A を固定し，他端 B に質量 M をかけた長さ l の片持ちはりの中立層を考え，A から x の距離に $\mathrm{d}x$ 部分に相当する微小降下を $\mathrm{d}e$ とすれば

$$\mathrm{d}e = (l-x)\,\mathrm{d}\theta = (l-x)\frac{\mathrm{d}x}{\rho} \qquad (3)$$

また $\mathrm{d}x$ 部分のモーメント L は

$$L = \frac{EI}{\rho} = Mg(l-x) \qquad (g：重力加速度) \quad (4)$$

(3)，(4)式から

$$\mathrm{d}e = \frac{Mg}{EI}(l-x)^2 \, \mathrm{d}x$$

$$\therefore \quad e = \frac{Mg}{EI}\int_0^l (l-x)^2 \, \mathrm{d}x = \frac{Mgl^3}{3EI} \qquad (5)$$

幅 a，厚さ b の角棒を図 3 のように距離 l の水平支点間に支え，中点に質量 M のおもりをかけると(5)式の l は $\frac{l}{2}$，M は $\frac{M}{2}$ に相当し，$I = \frac{ab^3}{12}$ であるから

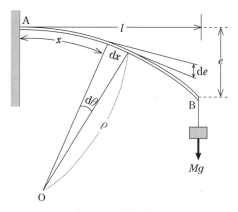

図 2　曲げ応力

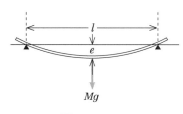

図 3　たわみ

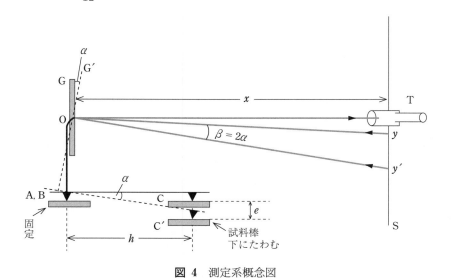

図 4　測定系概念図

$$e = \frac{\frac{1}{2}Mg\left(\frac{l}{2}\right)^3}{3E\left(\frac{ab^3}{12}\right)} = \frac{Mgl^3}{4ab^3E}$$

$$E = \frac{Mgl^3}{4ab^3e} \tag{6}$$

となり，E を求めることができる．ただし，e はつぎに述べる"光のてこ"を用いて測定する．

　図4は"光のてこ"の原理図を示す．鏡 G の三脚 ABC に平行な足 AB を固定し，C を試料棒の上において，望遠鏡 T の十字線上に見える尺度 S の位置 y を鏡 G の反射により読み取る．つぎに試料棒に荷重 Mg をかけると，試料棒がたわんで，C が e だけ下がり C′ の位置になる．この結果，鏡 G が α だけ回転して G′ の状態になり，望遠鏡の十字線と一致する尺度の読みは，y から y' に移動する．このとき角 yOy' を β とすると

$$\tan\beta \fallingdotseq \frac{|y'-y|}{x} = \frac{\Delta y}{x} \qquad \beta \ll 1 \text{ であれば} \quad \beta = 2\alpha \fallingdotseq \frac{\Delta y}{x} \tag{7}$$

としてよい．一方，$\tan\alpha = \dfrac{e}{h}$，$\alpha \ll 1$ であれば　$\alpha \fallingdotseq \dfrac{e}{h}$ であるから，求めるたわみ e は，

$$e = h\alpha = \frac{h\,\Delta y}{2x} \tag{8}$$

　ここで h は鏡 G の脚 AB を結ぶ線と脚 C との間の垂直距離であり，板のたわみ e に比べて十分大きい．

　(8)式を(6)式に代入すれば，ヤング率 E は

$$E = \frac{Mgl^3}{4ab^3}\cdot\frac{2x}{h\,\Delta y} \tag{9}$$

となる．

§3　器　具

　Ewing の装置，スケール付望遠鏡，ノギス，マイクロメーター，巻尺，銅，鉄（鍛鉄），真鍮 3 種類の金属棒．

§4　実 験 方 法

　図5は Ewing の装置および"光のてこ"に用いる鏡 G，スケール付望遠鏡 T を示す．

　EF はヤング率を測定しようとする被測定金属棒，JK は鏡の固定脚をのせるための補助棒である．この装置には金属棒に荷重するためのおもり M（1 個は 200 g）が 7 個用意されている．

　この実験では多くの量の測定を行うが，その各々をどのくらいの精度で測定すれば，求めるヤング率の精度をよくすることができるかを実験に先立って検討し，どの量をマイクロメーター，ノギス，巻尺などで測ればよいかを決める（p.5〜6 参照）．測定は銅，鉄，真鍮 3 種類から 2 種類の試料について行う．

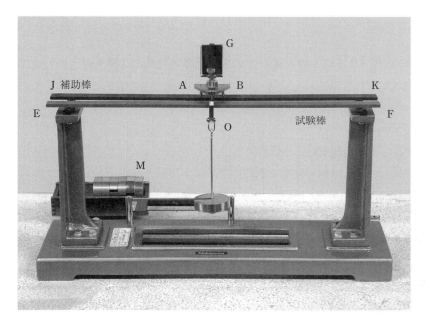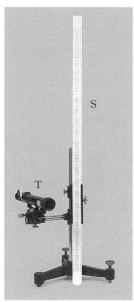

図 5

(1) 試料の金属棒 EF を装置の受台，すなわち互いに平行な 2 つの刃の上に棒の広い面を水平にして刃を直角に，かつ両刃に対して対称になるようにのせる．次に両刃間のちょうど中央に相当するところに鉛筆で印をつけ，そこにおもりをつるすための鈎 O をかける．この位置が中央よりずれると，それだけ誤差を生ずることになりかねないから，巻尺で調べて丁寧にのせる．残りの試料棒のうち 1 本を補助棒として試験棒 AB と平行に受台にのせ，"光のてこ"の鏡の面 G に平行な 2 脚 AB を JK 上に，前方の 1 脚を刃 O に設けてある穴に入れる．

(2) この装置前方 1〜1.5 m くらいのところに望遠鏡を鏡とほぼ同じ高さに置き，望遠鏡の焦点を調節して脇に鉛直にしてある物差しの目盛が読めるようにする．このとき，望遠鏡を置く位置は望遠鏡光軸の方向から鏡を見たとき，鏡に物差しが映って見えるような位置に望遠鏡を置かなければ，望遠鏡の焦点をいくら調節しても物差しは見えない．なお焦点を合わせる前に，鏡胴内に張ってある十字線がはっきり見えるように望遠鏡の接眼レンズをまわして調節しておく．

(3) 以上の準備ができたら，7 個のおもりを 1 個ずつ荷重を増加しながら物差しの目盛を読み取る．全部のせ終ったら，1 個ずつ減らしていきながら，物差しの目盛を読み取る．おもりの上げ降ろしを急に行ったり，乱暴に扱うと鈎 O の支点であるエッヂの位置が動いて，読みが変わってしまうことがあるから慎重に取り扱う．また増減両方で目盛を読み取るのは，弾性余効のためで，その両方の読みの平均値をもってその荷重に対する値とし，表 1 のようにまとめる．また実験と平行して荷重に対する目盛の読みをグラフにし，それまでの測定に異常がないか確める．

(4) このようにして得た 8 個の測定値から，600 g あたりに対する物差しの目盛の移動量を算出する．なおこのとき同じ数値を 2 度使わないよう注意しなければならない．この場合は表 2 のようにすればよい．これで 600 g あたりに対する物差しの移動量が求められる．"光のてこ"のて

この長さ，すなわち鏡の表面と物差しの表面との距離 x は実験の始めと終りを含めて2回測定する．

　鏡の脚間距離，すなわち2脚 AB を結ぶ線と脚 C との垂直距離 h は紙に3脚を軽く押し当てその跡を利用して測ればよい．

注意事項

(1)　測定すべき量の種類が多いから忘れないよう注意する．

(2)　物差しを望遠鏡の視野に入れるとき鏡の位置を調節しないで，実験方法の項で述べたように望遠鏡の位置を移動して行う．

(3)　光のてこは感度がよいから，机に手を触れるときは注意する．

(4)　たわみ量を測定したときの y_0 と y_7 とは，ヤング率の計算には直接関係ないけれども必ず読み取ること．

(5)　望遠鏡で物差しを観測しているとき，荷重量を変えたために視野から物差が見えなくなるときは鏡が正しく対称的位置にないことを意味する．そこでこのようなときには改めて鏡の位置を直してから新たに実験をする．

(6)　試料は鉄・銅・真鍮のなかから2種類であるが，その見分け方は，鉄はさび方でわかる．銅・真鍮については試料の端のすれた部分を見て赤っぽいのが銅，黄色っぽいのが真鍮である．

(7)　ヤング率の精度を考えて，x と l は mm 単位の物差し，h と a はノギス，b はマイクロメーターで測定する．

§5　測 定 値 の 整 理

例

銅について

距離 x は，測定前：119.5 cm

　　　　　　測定後：119.5 cm　　　x（平均）119.5 cm

表1　おもりと物差しの読み

おもり [g]		物差しの読み [cm]					
		増量時		減量時		平均	
m_0	0	y_0'	10.00	y_0''	10.28	y_0	10.14
m_1	202.4	y_1'	11.12	y_1''	11.38	y_1	11.25
m_2	405.0	y_2'	⋯	y_2''	⋯	y_2	⋯
m_3	607.5	y_3'	⋯	y_3''	⋯	y_3	⋯
m_4	809.8	y_4'	⋯	y_4''	⋯	y_4	⋯
m_5	1012.6	y_5'	⋯	y_5''	⋯	y_5	⋯
m_6	1214.0	y_6'	16.75	y_6''	16.80	y_6	16.78
m_7	1415.9	y_7'	17.87	y_7''	17.87	y_7	17.87

表 2 Δy の計算

i					600 g あたりの尺度の移動 $\Delta y_i^{(600\mathrm{g})} = (y_{i+3} - y_i)$ $\times \dfrac{600}{m_{i+3} - m_i}$	残差 $v_i = \Delta y_i^{(600\mathrm{g})} - \overline{\Delta y}$	$v_i{}^2$
1	y_1	11.25	y_4	14.59	3.299	0.034	0.001156
2	y_2	…	y_5	…	…	…	…
3	y_3	13.50	y_6	16.78	3.235	-0.030	0.000900
$\overline{\Delta y} = \dfrac{\sum \Delta y_i^{(600\mathrm{g})}}{3} = 3.265$						$\sum v_i{}^2 = 0.002072$	

算術平均の確率誤差は

$$\varepsilon_{\Delta y} = \sqrt{\frac{\sum v_i{}^2}{n(n-1)}} = \sqrt{\frac{0.002072}{3(3-1)}} = 0.019$$

$$\Delta y \pm \varepsilon_{\Delta y} = (3.27 \pm 0.02)\,\mathrm{cm}$$

銅の幅 a について（5 箇所を測ること）

i	a_i [mm]	$v_i = a_i - \bar{a}$	$v_i{}^2$
1	15.95	0.01	0.0001
2	15.90	-0.04	0.0016
3	…	…	…
4	…	…	…
5	15.95	0.01	0.0001
$\dfrac{\sum a_i}{5} = \bar{a} = 15.943$		$\sum v_i{}^2 = 0.0025$	

算術平均の確率誤差は

$$\varepsilon_a = \sqrt{\frac{\sum v_i{}^2}{n(n-1)}} = \sqrt{\frac{0.0025}{5(5-1)}} = 0.011$$

$$a \pm \varepsilon_a = (15.94 \pm 0.01)\,\mathrm{mm}$$

銅の厚さ b について（5 箇所を測ること）

i	零点補正	測定値	b_i [mm]	$v_i = b_i - \bar{b}$	$v_i{}^2$
1	-0.010	4.944	4.954	-0.002	4.0×10^{-6}
2	-0.010	4.950	4.960	$+0.004$	16.0×10^{-6}
3	…	…	…	…	…
4	…	…	…	…	…
5	-0.010	4.945	4.955	-0.001	1.0×10^{-6}
$\dfrac{\sum b_i}{5} = \bar{b} = 4.956$				$\sum v_i{}^2 = 70 \times 10^{-6}$	

算術の平均の確率誤差は

$$\varepsilon_b = \sqrt{\frac{\sum v_i{}^2}{n(n-1)}} = \sqrt{\frac{70 \times 10^{-6}}{5(5-1)}} = 1.9 \times 10^{-3}$$

$$b \pm \varepsilon_b = (4.956 \pm 0.002)\,\text{mm}$$

長さ l について

i	$l_i\,[\text{cm}]$	$v_i = l_i - \bar{l}$	$v_i{}^2$
1	40.05	-0.06	3.6×10^{-3}
2	40.05	-0.06	3.6×10^{-3}
3	...	...	...
4	...	...	...
5	40.00	-0.11	1.2×10^{-2}
$\bar{l} = \dfrac{\sum l_i}{5} = 40.11 \qquad \sum v_i{}^2 = 0.018$				

算術平均の確率誤差は

$$\varepsilon_l = \sqrt{\frac{\sum v_i{}^2}{n(n-1)}} = \sqrt{\frac{0.018}{5(5-1)}} = 0.03$$

$$l \pm \varepsilon_l = (40.11 \pm 0.03)\,\text{cm}$$

垂直距離 h について

i	$h_i\,[\text{cm}]$	$v_i = h_i - \bar{h}$	$v_i{}^2$
1	3.420	-0.004	1.6×10^{-5}
2	3.430	$+0.006$	3.6×10^{-5}
3	...	...	...
4	...	...	...
5	3.425	$+0.001$	1.0×10^{-6}
$\bar{h} = \dfrac{\sum h_i}{5} = 3.424 \qquad \sum v_i{}^2 = 1.3 \times 10^{-4}$				

算術平均の確率誤差は

$$\varepsilon_h = \sqrt{\frac{\sum v_i{}^2}{n(n-1)}} = \sqrt{\frac{1.3 \times 10^{-4}}{5(5-1)}} = 2.5 \times 10^{-3}$$

$$h \pm \varepsilon_h = (3.424 \pm 0.003)\,\text{cm}$$

以上の結果より，ヤング率を求める．

・銅のヤング率（注意：各測定値は測定に使用した器具の単位を標記したが，MKS 単位に統一して計算すること）

$$E = \frac{Mgl^3}{4ab^3} \times \frac{2x}{h\,\Delta y}$$

$$= \frac{0.600 \times 9.81 \times (0.4011)^3}{4 \times 1.594 \times 10^{-2} \times (4.956 \times 10^{-3})^3 \times 3.424 \times 10^{-2}} \times \frac{2 \times 1.195}{3.265 \times 10^{-2}} = 10.45 \times 10^{10}\,\mathrm{Pa}$$

間接測定の確率誤差は

$$\varepsilon_E = \bar{E}\sqrt{9\left(\frac{\varepsilon_l}{l}\right)^2 + \left(\frac{\varepsilon_a}{a}\right)^2 + 9\left(\frac{\varepsilon_b}{b}\right)^2 + \left(\frac{\varepsilon_h}{h}\right)^2 + \left(\frac{\varepsilon_{\Delta y}}{\Delta y}\right)^2} = 10.45 \times 10^{10} \times$$

$$\sqrt{9\left(\frac{3.0 \times 10^{-4}}{0.4011}\right)^2 + \left(\frac{1.1 \times 10^{-5}}{1.594 \times 10^{-2}}\right)^2 + 9\left(\frac{1.9 \times 10^{-6}}{4.956 \times 10^{-3}}\right)^2 + \left(\frac{2.5 \times 10^{-5}}{3.424 \times 10^{-2}}\right)^2 + \left(\frac{0.19 \times 10^{-3}}{0.03265}\right)^2}$$

$$= 0.07 \times 10^{10}\,\mathrm{Pa}$$

ゆえに銅のヤング率は $(10.45 \pm 0.07) \times 10^{10}\,\mathrm{Pa}$

他の試料についても同様な計算をする.

§6 実験ノート

　測定した2種類の試料について荷重に対するスケールの読みの増加と減少のグラフを描き,平均値を求めて次式

$$E = \frac{Mg\bar{l}^3}{4\,\bar{a}\,\bar{b}^3} \times \frac{2x}{h\,\Delta y}$$

よりヤング率を計算し,その結果と物理定数表の付録 p. 118 のヤング率のそれぞれの値と比較検討せよ.

注意：求めたヤング率に対する間接測定の確率誤差の計算を行い,最確値を求めること.

§7 質　　問

(1) MKS 単位でのヤング率を,工学で用いられる $\dfrac{\mathrm{kg \cdot w}}{\mathrm{mm}^2}\left(\dfrac{\mathrm{kg \cdot f}}{\mathrm{mm}^2}\right)$ に換算せよ.

(2) この実験で試料に荷重したとき,弾性の限界を越えていないかどうかを説明せよ.

(3) この実験で得たヤング率と物理定数表のヤング率を比較して確率誤差の範囲内で一致しないとき,どんな原因が考えられるか各試料について具体的に述べよ.

(4) たわみの読み取り値8個のうち,y_0 と y_7 とを採用しないで残り6個だけでたわみ量を求める理由を説明せよ.

2. 重力加速度

§1 目 的
Borda の振り子を用いて，その周期を測定し，これより，重力加速度 g の値を求める．

§2 原 理
長さが L で，質量の無視できる糸で吊された質点とみなされるおもりの鉛直面での小振動，すなわち，単振り子（Simple Pendulum）の周期 T は，

$$T = 2\pi\sqrt{\frac{L}{g}} \tag{1}$$

で与えられる．実際には，おもりは，有限の大きさをもっているので，実体振り子または物理振子（Physical Pendulum）として取り扱わなければならない．その周期 T は次式で与えられる．

$$T = 2\pi\sqrt{\frac{I}{Mgh}} \tag{2}$$

ここで，M はおもりの質量，I は振り子の支点のまわりの慣性モーメント，h は支点からおもりの中心までの距離である．

この実験では，図1に示すような圭子（DEF）とおもり（G）からなる Borda の振り子を用いる．この振り子の質量はおもり（半径 r の鋼球）だけにあるとし，支点 E のまわりの振り子の慣性モーメント I は，

$$I = M\left\{(l+r)^2 + \frac{2}{5}r^2\right\} \tag{3}$$

であるから，(2)より重力加速度 g は

$$g = \frac{4\pi^2}{T^2}\left\{(l+r) + \frac{2r^2}{5(l+r)}\right\} \tag{4}$$

で与えられる．

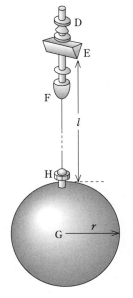

図 1 Borda の振り子

§3 器 具
圭子（D は圭子の周期を調節するおもり，F は針金をとめるチャック），水平台，おもり（鋼球），針金，水準器，巻尺，ノギス．周期の測定には，ストップウォッチを使用する．なお，ストップウォッチは実験器具の箱に入っている．

§4 実 験 方 法
(1) 針金の長さが $150, 110, 70\,\mathrm{cm}$（$\pm 10\,\mathrm{cm}$ 程度の差があってもよい）の3種類について実験す

る．

(2) 圭子をのせる台を水準器を用いて水平にし，これから測定しようとする振り子をのせ，約10回振らせて，その予備的な周期 T を測定する．

(3) つぎに，振り子の針金を取りはずし，圭子 DEF だけを水平台にのせて，約10回ほど振らせて，その周期 T_1 を測定する．この T_1 が T にできるだけ等しくなるように，圭子のおもり D を調節する．これは，T と T_1 とが著しく異なると，圭子による振り子への強制振動の影響があるので，これらを共振の状態にして，できるだけ全体の周期に対する影響をなくするための操作である．

(4) 針金の長さは，圭子のナイフェッヂ E からおもり（球）に接する部分までを，周期の測定前と測定後の2回にわたり，巻尺でていねいに測定する．

(5) 以上の調節が終えたら，圭子は再びおもりを取り付け振動させる．振幅は5°以内とし，同一鉛直面内を振動させる．もし，おもりがだ円軌道を描くようならば，新たに振動させる．

(6) 振り子がうまく振動したら，ストップウォッチを作動させる．おもりの速さの最も大きいところ，すなわち，振り子を振らせないときの静止位置を基準点として周期を測定するものとする．時刻の測定を始めて，最初の基準点通過時刻を t_0 とし，10回ごとにストップウォッチで時刻を読み取り190回まで行う（20個の読み取り値を得る）．

(7) おもり（真鍮球）の直径は，周期の測定終了後に，ノギスを用いて mm の単位まで読み取り，2回測定する．

§5 実験ノート

周期については，例のように整理して求めよ．これらより，(4)式から g の値を決定せよ．なお，実験ノートの段階では，確率誤差を求める必要はないが，長さ l を変えて得た3種の場合についての g の平均値を求め，これと既知の値とを比較検討せよ．

§6 測定値の整理と重力加速度の計算

(1) 表1に示す方法で，針金の長さが 150, 110, 70 cm についてそれぞれの表を完成させる．

(2) それぞれの長さにおける $100T$ を求め，T を決める．

(3) この3種類の g についての価値平均値とその確率誤差を求める．

(4) (3)の値と既知の値との比較検討をする．

表1 実験結果（針金の長さ $l = 78.86$ cm のとき）

回	時刻 t [s]	回	時刻 t' [s]	$100\,T = t' - t$ [s]	v_i [s]	v_i^2 [s^2]
0	0′18″.10(t_0)	100	3′18″.37	180.27	−0.102	0.0104
10	0′36″.09	110	3′36″.48	180.39	0.018	0.0003
20		120				
30		130				
40		140				
50		150				
60		160				
70		170				
80		180				
90	3′ 0″.38	190	6′ 0″.79	180.41	0.038	0.0014

平均 $100\,T = 180.372$ s $\qquad \sum v_i^2 = 0.64$

$l = 0.7886$ m おもりの直径 40.10 mm, 40.10 mm

重力加速度 g は

$$g = \frac{4\pi^2}{T^2}\left\{(l+r) + \frac{2r^2}{5(l+r)}\right\}$$

$$= \frac{4\times(3.142)^2}{(1.8037)^2}\left\{(0.7886 + 0.02005) + \frac{2\times(0.02005)^2}{5\times(0.7886 + 0.02005)}\right\}$$

$$= 9.8177 \text{ m/s}^2$$

g の間接測定の確率誤差を求めるために (4) 式より

$$\varepsilon_g{}^2 = \left[\frac{4\pi^2}{T^2}\left(1 - \frac{2r^2}{5(l+r)^2}\right)\right]^2 \varepsilon_l{}^2 + \left[\frac{4\pi^2}{T^2}\left(1 + \frac{2r(2l+r)}{5(l+r)^2}\right)\right]^2 \varepsilon_r{}^2$$

$$+ \left[-\frac{8\pi^2}{T^3}\left(l+r+\frac{2}{5}\cdot\frac{r^2}{l+r}\right)\right]^2 \varepsilon_T{}^2$$

上式の右辺の $\varepsilon_l, \varepsilon_r, \varepsilon_T$ について算術平均の確率誤差を求める必要があるが，$\varepsilon_l, \varepsilon_r$ は省略して ε_T の項を計算して用いる（理由は各自考えよ）.

$$\varepsilon_{100T} = \sqrt{\frac{\sum v_i^2}{10\times 9}} = 0.084$$

$$100\,T = (180.37 \pm 0.08) \text{ s}$$

$$\therefore \quad T = (1.8037 \pm 0.0008) \text{ s}$$

$$\varepsilon_g{}^2 = \left[\frac{8\pi^2}{T^3}\left(l+r+\frac{2}{5}\cdot\frac{r^2}{l+r}\right)\right]^2 \varepsilon_T{}^2 = 8.2\times 10^{-5}$$

$$\varepsilon_g = 0.009 \text{ m/s}^2$$

$$g_1 = (9.818 \pm 0.009) \text{ m/s}^2$$

$$g_1 = (9.818 \pm 0.009) \text{ m/s}^2$$

同様にして $g_2 = (9.785 \pm 0.004) \text{ m/s}^2$

$$g_3 = (9.793 \pm 0.005) \text{ m/s}^2$$

これから，g の価値平均を求めるために

$$g = \frac{\sum\limits_{i=1}^{N} p_i q_i}{\sum\limits_{i=1}^{N} p_i} = \frac{p_1 q_1 + p_2 q_2 + \cdots}{p_1 + p_2 + \cdots}$$

$$g = \frac{9.818 \times \dfrac{k}{(0.009)^2} + 9.785 \times \dfrac{k}{(0.004)^2} + 9.793 \times \dfrac{k}{(0.005)^2}}{\dfrac{k}{(0.009)^2} + \dfrac{k}{(0.004)^2} + \dfrac{k}{(0.005)^2}}$$

$$\therefore \quad g = 9.7945 \text{ m/s}^2$$

価値平均の確率誤差は

$$\sigma = \sqrt{\frac{\sum\limits_{i=1}^{N} p_i (q_i - Q_0)^2}{(N-1)\sum\limits_{i=1}^{N} p_i}}$$

$$\sigma = \sqrt{\frac{\dfrac{(9.818-9.795)^2}{(0.009)^2} + \dfrac{(9.785-9.795)^2}{(0.004)^2} + \dfrac{(9.793-9.795)^2}{(0.005)^2}}{2\left\{\dfrac{1}{(0.009)^2} + \dfrac{1}{(0.004)^2} + \dfrac{1}{(0.005)^2}\right\}}} = 0.0073$$

$$\therefore \quad g = (9.795 \pm 0.007) \text{ m/s}^2$$

§7 質　問

(1)　(4)式において，$r \to 0$ とすれば，(1)式と等しくなることを示せ．また，$r \to 0$ は，物理的に何を意味するか．

(2)　周期 T の平均値を求める際に，表1のように $t_{100} - t_0$, $t_{110} - t_{10}$, …をとって100周期の平均値を求めるのはなぜか．平均値 $\overline{T}$ を

$$\overline{T} = \sum_{i=1}^{n} \frac{t_i - t_{i-1}}{n}$$

として求めてはいけないか．

(3)　振り子の針金を取り付ける圭子の周期を，そのときに用いる針金をつけたときの周期と一致させるのはなぜか．

(4)　剛体の回転運動に関する運動方程式を示し，これより，(2)式を求めよ．

(5)　(3)式を証明せよ．

(6)　§4(5)において，「振幅は5°以内……」とあるが，なぜ5°以内に振幅をおさえるのか．

3. 電気抵抗の測定

§1 目　的

ホイートストン・ブリッジ（Wheatstone-Bridge）を用いて，金属および半導体の抵抗の温度変化を調べ，それぞれの特徴および原因について理解を深める．

測定によって得られた実験データをパソコンによってデータ処理し，最小二乗法による近似曲線の決定およびグラフ作成を行う．

§2 原　理

2-1 電気伝導に関する基本的な事柄

物質中を電気が流れるということは，外からかけられた電場によって電荷を持った粒子が動かされるということである．物質中での電気伝導を担う荷電粒子は，金属における電子，半導体における電子や正孔などがある．

導体に電場 E をかけて電流を流した場合を考える．電流の単位アンペア [A] は，単位時間あたりの電荷の移動量で定義される．いま，電流を I [A]，電子1個の電荷を $-e$ [C]，電気伝導を担う電子の密度を n [個/m^3]，電子の電流と逆方向への平均の速さを v [m/s]，そして導体の断面積を S [m^2] とすると，

$$I = nevS \tag{1}$$

なる関係がある．平均の速さ v と電場の強さ E [V/m] とは比例関係であることがわかっている．

$$v = \mu E \tag{2}$$

この比例係数を μ と定義し易動度（mobility）とよぶ．これは物質中での電子の動きやすさを表す．

導体の長さを l [m]，その両端にかかる電圧を V [V] とすると，$El = V$ より，

$$El = \frac{v}{\mu} l = \frac{I}{ne\mu S} l = I \frac{l}{ne\mu S} = V \tag{3}$$

$$\therefore \quad IR = V \tag{4}$$

ただし，

$$R = \frac{l}{ne\mu S} \tag{5}$$

である．(4) 式はオームの法則を表しており，R は**電気抵抗**である．単位は V/A でこれをオーム [Ω] と呼ぶ．電気抵抗の (5) 式を導体の形状に関する l, S と物質固有の $ne\mu$ とに分離すると，

$$R = \frac{1}{ne\mu} \times \frac{l}{S} = \rho \frac{l}{S} \tag{6}$$

$$\rho \equiv \frac{1}{ne\mu} = R \frac{S}{l} \tag{7}$$

表 1 金属と半導体における ρ, n, μ の比較

	金　　属	半　導　体
$\rho\,[\Omega\cdot\mathrm{m}]$	$10^{-8} \sim 10^{-5}$	$10^{-5} \sim 10^{10}$
n：数量	非常に多い （銅の場合 20℃ で 8.5×10^{28} 個/m³）	純粋な場合には非常に少ない （ゲルマニウムの場合 20℃ で $\sim 10^{19}$ 個/m³）
n：温度変化 （$T \to$ 大）	ほとんど変化なし	大きく増大
μ：大きさ	あまり大きくない （銅の場合 20℃ で $4.62\times10^{-3}\,\mathrm{m^2/V\cdot s}$）	大きい （ゲルマニウムの場合 27℃ で $0.36\,\mathrm{m^2/V\cdot s}$）
μ：温度変化 （$T \to$ 大）	大きく減少	減　少

となる．ここで，物質固有の量 $\rho\,[\Omega\cdot\mathrm{m}]$ をその物質の**抵抗率**と呼ぶ．また，ρ の逆数をとると，

$$\sigma \equiv \frac{1}{\rho} = ne\mu \tag{8}$$

となり，この式で定義した σ のことを電気伝導率といって，電気の通しやすさを表す．

　物質の抵抗率は伝導電子の密度 n と易動度 μ で決まり，金属と半導体の電気抵抗の違い，温度変化の仕方などは全て n, μ の性質で決まる．

　易動度 μ が温度上昇とともに減少する理由は以下の 2 つである．

1. 温度の上昇とともに激しくなる正イオン（原子核）格子の熱振動
2. 不純物原子やイオンさらに正孔，転位などの格子欠陥

2-2　金属の電気抵抗

　金属では，伝導電子は金属中の正イオンと衝突しながら無秩序な熱運動をしていると考えられている．したがって，外部電場がない場合には平均速度は 0 となって正味の電流は流れない．しかし，電場がかかると正イオンとの衝突と衝突との間に伝導電子は電場によって加速される．すると，平均として電場と逆方向に伝導電子は徐々に移動していくことになる．電場の大きさを E とすると，力の大きさ $F = eE$ が電子にかかる．よって加速度の大きさを a として電子の運動方程式は $F = eE = ma$ なので，加速度の大きさ a が

$$a = \frac{eE}{m} \tag{9}$$

の等加速度運動をする．衝突と衝突の間の時間の平均のことを**平均自由時間**と呼び，τ で表す．この時間の間に加速された電子の速さは $v = a\tau$ となるが，衝突によって完全に速さを失ってしまい，毎回速度 0 から加速するものとする．この状況下では，電子の平均の速さ v は

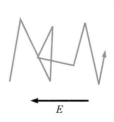

図 1　伝導電子の動き．（左）電場なしの場合，（右）電場 E が左向きにかかった場合．

$$v = \frac{1}{2}(0 + a\tau) = \frac{1}{2}\left(0 + \frac{eE}{m}\tau\right) = \frac{e\tau}{2m}E \tag{10}$$

となる．この式により，平均の速さ v と電場の強さ $E\,[\mathrm{V/m}]$ とは比例関係であることがわかる．この比例係数が易動度 μ である．

$$\mu = \frac{e\tau}{2m} \tag{11}$$

この式を用いると抵抗率は，

$$\rho \equiv \frac{1}{ne\mu} = \frac{2m}{ne^2\tau} \tag{12}$$

と書ける．

古典論では，平均自由時間 τ は原子間隔をその温度における伝導電子の熱運動による速さで割ったものと考えられる．しかし，**実際の実験によって測定される抵抗率 ρ から求められる τ は，それよりもずっと大きい**．

量子論では，伝導電子は金属を構成している正イオンが規則正しく整列している場合には，それらのイオンと全く衝突することなく金属中を運動することがわかっている（ブロッホ状態，ブロッホ電子）．電気抵抗の原因となるイオンとの衝突は，格子の熱振動によって格子の整列が乱されることにより起こる．この衝突の頻度は，量子統計力学を用いた計算によって，温度とともに増加することがわかっている．したがって，平均自由時間 τ は温度に比例して減少し，抵抗および抵抗率は温度に比例して増大することになる．室温付近でこの変化を温度の 1 次関数で近似すれば，温度 $t\,[℃]$ のときの抵抗と抵抗率を $R(t)$，$\rho(t)$ とすると，

$$R(t) = R_0(1 + \alpha t), \quad \rho(t) = \rho_0(1 + \alpha t) \tag{13}$$

となっている．このときの α を抵抗の**温度係数**という．

2-3 半導体の電気抵抗

半導体は，金属と異なり本来は伝導電子を持っていない．しかし，原子核に束縛された価電子がその束縛が弱いために，熱によって原子核から離れて伝導電子になることができる．電子が抜けた原子には孔があく．この孔には，隣の原子から電子が飛び移って来ることがあり，そうすると，孔

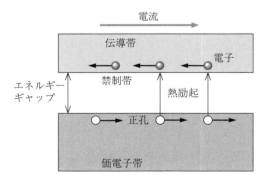

図 2 半導体の電子と正孔の生成と伝導機構

は隣の原子に見かけ上移ったことになる．このようにして，物質中を孔が移動するようにみえる．これは電子の孔なので，$+1e$ の電荷を持った仮想的な粒子とみて，**空孔**または，**ホール**と呼ぶ．

　結晶中の電子のエネルギー準位は帯構造を持っている．電子が原子核に束縛されている帯を価電子帯，自由に動ける帯を伝導帯といい，その間には電子が存在できない禁制帯がある．禁制帯のエネルギー順位の幅を禁制帯幅，もしくはエネルギーギャップなどと呼ぶ．

　伝導帯における電子密度を n，価電子帯におけるホール密度を p，電子とホールの易動度を μ_n，μ_p とすると，半導体の電気伝導率 σ は，

$$\sigma = ne\mu_\mathrm{n} + pe\mu_\mathrm{p} \tag{14}$$

となる．半導体では，電子やホールの密度 n, p が温度とともに急激に変化する．（8）式との比較で考えよ．

　ここで考えているような半導体の伝導機構を真性伝導といい，そのような半導体を真性半導体と呼ぶ．半導体の電気伝導は高温では真性伝導となる．このとき，抵抗率 ρ は，量子統計力学の計算によって

$$\rho = \rho_0 \mathrm{e}^{\frac{E_\mathrm{g}}{2kT}}, \qquad \rho_0^{-1} = 2e\left(\frac{2\pi kT}{h^2}\right)^{3/2}(m_\mathrm{n}m_\mathrm{p})^{3/4}(\mu_\mathrm{n}+\mu_\mathrm{p}) \tag{15}$$

となる．ただし，$k = 1.38\times10^{-23}\,\mathrm{J/K}$ はボルツマン定数，h はプランク定数，m_n，m_p は電子およびホールの有効質量，E_g はエネルギーギャップで，e は電子の電荷である．T は絶対温度で $T\,[\mathrm{K}] = 273\,\mathrm{K} + t\,[\mathrm{℃}]$．抵抗率に試料の形状因子 $\dfrac{l}{S}$ をかければ抵抗 R になるので

$$R = R_0 \mathrm{e}^{\frac{E_\mathrm{g}}{2kT}} \tag{16}$$

が半導体の抵抗の温度変化の式となる．

2-4　ホイートストン・ブリッジ

　ホイートストン・ブリッジは電気抵抗を精度よく測定する装置である．その回路図を図に示す．測定したい抵抗を R とする．このとき，スイッチ $\mathrm{K_1}, \mathrm{K_2}$ の両方を閉じ，その他の抵抗 P，Q，S をうまく調節して，検流計 G に電流が流れないようにしたならば，

$$R = \frac{P}{Q}\times S \tag{17}$$

の関係が成り立つ．ただし，抵抗 r は，検流計保護のための抵抗である．したがって，比 $\dfrac{P}{Q}$（Multiply）を …, 0.01, 0.1, 1, 10, 100, … とし，S を細かく $0\,\Omega$ から $9999\,\Omega$ まで

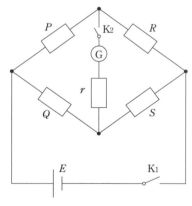

図 3　ホイートストン・ブリッジの回路図

$1\,\Omega$ 単位で調節できる可変抵抗としたならば，抵抗 R が 4 桁の精度で測定できることになる．

§3 実　　　験

3-1　試料および実験器具

●金属試料：銅線．長さと直径は試料に書いてある．

●半導体試料：サーミスタ

●実験器具の設置は図を参照のこと．

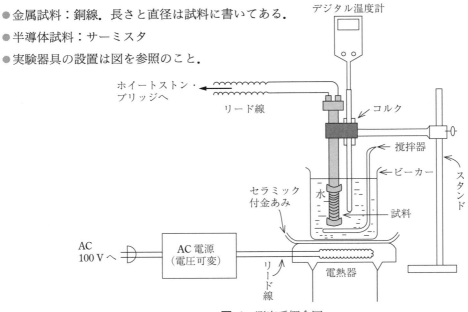

図 4　測定系概念図

3-2　課題 0：練習用抵抗の測定

　ホイートストン・ブリッジの扱いになれるため，あらかじめ用意されている練習用抵抗の値を 4 桁の精度で測定する．結果を実験ノートに記録する．

3-3　課題 1：金属（銅線）の電気抵抗の測定

　ホイートストン・ブリッジを用いて銅線の抵抗を室温から 70 ℃程度まで測定せよ．得られた実験データを最小二乗法でフィッティングし，その結果を用いて抵抗の温度係数および 20 ℃における抵抗率 ρ_{20} と 100 ℃における抵抗率 ρ_{100} を求めよ．

●**実験手順**

(1)　ビーカーに水を適量いれ，試料を水中に直接浸して配線を行う．水の温度を一定にするための撹拌器もセットする．なお，これは測定中に常に上下に動かして撹拌する．加熱用の電熱器は電圧可変の AC 電源を通して通電し，温度上昇スピードを調節できるようにする．

(2)　銅線の温度が水の温度と同じになるまで待って，加熱前の室温での抵抗を測定し，実験ノートに記録する（電熱器にはまだ電流を流さない）．

(3)　電熱器に 1.5 A～2.5 A 程度の電流を流して，加熱を始める．水をよく撹拌しながら 70 ℃まで数度間隔で温度と抵抗の値を測定をする．**このとき，ホイートストン・ブリッジのスイッチを押しても針が動かなくなったときの温度と抵抗の値を実験ノートに記録する**．温度は常に上昇しているので，手際よく測定をすること．もたもたしていると，すぐに温度が上がってしまう．

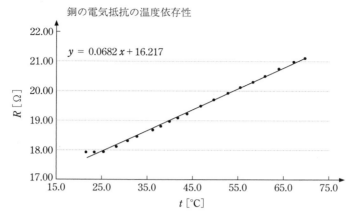

図 5 銅の電気抵抗の測定結果例

(4) 測定が終ったら火傷をしないように気をつけながら熱水をすてて半導体の実験の準備をする.

● **データ解析**（課題1および課題2の測定が終った後）

(1) 測定結果をパソコンに入力し，表計算ソフトによってグラフ化などのデータ処理を行う. 結果をプリントアウトする.

(2) 最小二乗法による抵抗の温度変化の実験式が得られている. この式と理論式 (13) とを比較して温度係数 α を計算せよ.

(3) 実験式を用いて 20 ℃ および 100 ℃ のときの抵抗値を求め，これらの温度における抵抗率 ρ_{20}，ρ_{100} を計算し，結果を文献値と比較せよ.

表 2　銅の電気抵抗の文献値
（理科年表より）

温度 [K]	ρ [Ω·m]	α [deg^{-1}]
90	0.30×10^{-8}	
195	1.03×10^{-8}	
293	1.72×10^{-8}	4.3×10^{-3}
373	2.28×10^{-8}	

3-4　課題2：半導体（サーミスタ）の電気抵抗の測定

半導体の電気抵抗の温度変化を室温から 70 ℃ 程度まで測定し，データ解析によって半導体のエネルギーギャップ E_g を求めよ.

● **実験手順**

(1) 具体的な実験手順は銅線の場合と同じ. 実験装置のセットが終ったなら，室温での抵抗を測定し，実験ノートに記録しておく.

(2) 加熱しながら抵抗の温度変化を測定し，データを実験ノートに記録する. ただし，**半導体の抵抗変化は非常に大きいので，測定を特に手際よく行うこと.**

● **データ解析**（課題1および課題2の測定が終った後）

(1) 測定結果をパソコンに入力し，表計算ソフトによってグラフ化などのデータ処理を行う. 結果をプリントアウトする.

(2) $\log R$ 対 $\frac{1}{T}$ のグラフが得られている. このグラフが直線になっており，その直線の方程式

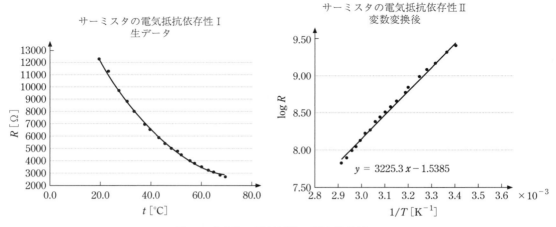

図 6　半導体の電気抵抗の測定結果例

が最小二乗法によって求められている．これを理論式 (16) と比較することによって E_g を eV 単位で求める．本実験で用いる試料では，$E_g = 0.5 \sim 0.6\,\mathrm{eV}$ 程度である．得られた結果をこの値と比較せよ．

―理論式 (16) の両辺の自然対数をとると，

$$\log R = \log R_0 + \frac{E_g}{2kT} \tag{18}$$

ここで，$X = \dfrac{1}{T}$ とし，$Y = \log R$ とおいて代入すると，

$$Y = \left(\frac{E_g}{2k}\right) X + \log R_0 \tag{19}$$

これを Y が X の関数であるとみてやると，傾きが $\left(\dfrac{E_g}{2k}\right)$，$y$ 切片が $\log R_0$ である直線の方程式になっている．ボルツマン定数は $k = 1.380662 \times 10^{-23}\,\mathrm{J/K}$，$1\,\mathrm{eV} = 1.602 \times 10^{-19}\,\mathrm{J}$ である．

§4　実験ノート

　課題 2 までの測定結果を用いて $\alpha, \rho_{20}, \rho_{100}, E_g$ を求めよ．プリントアウトしたデータは実験ノートに貼り付けること．計算結果を計算過程とともに実験ノートに提示し，計算手順を説明せよ．

§5　レポート

●原　理

　金属と半導体の電気抵抗の原理の違いについて詳しく説明し，それをもとにしてこの実験を行う理由，動機付けを述べよ．

●**測定結果**

　レポートには得られたグラフと測定データ（パソコンによるプリントアウト）を添付して提出する．また，半導体の実験解析において，$\log R$ をグラフの縦軸，$1/T$ を横軸にとって図を描く意義について説明せよ．

●**結果の考察**

　—測定精度の考察．

　　この実験における試料の温度の測定誤差は，デジタル温度計の目盛の不正確さ，試料と水との温度差などを考えれば，約 $0.1\,^\circ\mathrm{C}$ の程度と考えられる．このとき，測定に用いた金属および半導体の室温付近の抵抗の誤差は各々何 Ω 程度であるか見積もれ．以下の式を参考にすること．

$$\mathrm{d}R = \left(\frac{\partial R}{\partial T}\right)\mathrm{d}T \tag{20}$$

　—結果の妥当性．

　　金属および半導体の測定結果から求めた，抵抗率，温度係数，エネルギーギャップの計算結果について文献値と比較し，違った場合には何が原因か考えを述べよ．特に金属について，温度係数よりも抵抗率の値が比較的大きくずれる場合が多い．その理由を述べよ．

　—目的の達成度

　　原理，目的で述べた実験目的がどれだけ達成されたのかを具体的な事例を列挙しながら考察せよ．

　—今後の改善

　　より精度の高い実験を目指すなら，どのような改善を行えばよいのか考察せよ．

●**質　問**

(1)　銅の $20\,^\circ\mathrm{C}$ における抵抗率の計算結果から，銅の伝導電子の平均自由時間 τ を求めよ．ただし，銅の自由電子の密度を $n = 8.5\times10^{28}$ 個/m^3，電子の質量を $m = 9.1\times10^{-31}\,\mathrm{kg}$，電荷素量を $e = 1.6\times10^{-19}\,\mathrm{C}$ とする．

(2)　銅の自由電子の熱運動の平均の速さが $1.6\times10^6\,\mathrm{m/s}$ であるとして，平均自由時間の間に電子が動く距離（**平均自由行程**）Λ を求めよ．

(3)　古典論によれば，平均自由行程 Λ は次のようにして求められる．正イオンの半径を r とすると，半径 r の円を底面にもち，高さが Λ の円柱の中に伝導電子が 1 つあれば，必ず電子は平均自由行程だけ進めば正イオンに衝突する．伝導電子の密度が n であるので，これを式で表すと

$$n = \frac{1}{\pi r^2 \Lambda} \longrightarrow \Lambda = \frac{1}{n\pi r^2} \tag{21}$$

となって，平均自由行程が求まる．銅の正イオンの半径が $0.96\times10^{-10}\,\mathrm{m}$ であるとして銅の伝導電子の古典論による平均自由行程を求め，実際の実験結果から求めた結果と比較せよ．

　この 2 つの結果は明らかに違う．このことから，銅の電気抵抗も量子論によって説明せねばならないことがわかる．

4. 交流周波数測定

§1 目 的

　一弦琴を交流の振動に共振させ，その固有振動から交流の周波数を求める．また，この実験を通して弦を伝わる横波の性質，特に定常波の性質を理解する．

§2 測 定 原 理

　図1(a)のように，弦に力を加えて変形を生じさせると，変形はその形を保ったまま一定の速さで伝わる（進行していく）．この変形した弦の一部分を拡大したものを図1(b)に示す．y は，波の進行方向に対して垂直な向きに弦が変位した量を表しており，時間 t と位置 x の関数で $y = y(x, t)$ と書ける．

　一般論として，x 方向に一定の速さ V で進行する波は

$$\frac{\partial^2 y}{\partial t^2} = V^2 \frac{\partial^2 y}{\partial x^2} \tag{1}$$

で記述される．この方程式を**波動方程式**（Wave equation）という．

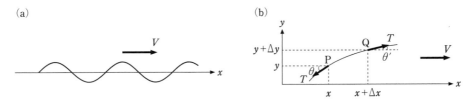

図 1　(a) 弦を伝わる波　(b) 弦のたわみ（変形）と張力

　次に，張力 T，線密度 σ の弦の横波が速さ V で伝わるときの波動方程式を考えてみよう．図1(b)のように，弦の長さ方向（波が伝わる方向）を x 軸として，座標 (x, y) の点Pと座標 $(x + \Delta x, y + \Delta y)$ の点Qとの間の部分の弦の運動を考える．Δy が微小であれば純粋な横波であるとみなしてよく，張力 T も場所によらず一定であるとしてよい．重力の影響は無視できるものとする．

　点Pと点Qにおける張力と x 軸のなす角をそれぞれ θ, θ' とする．点Pと点Qの間の弦を質点とみなして運動方程式をたてると

$$(\sigma \Delta x)\frac{\partial^2 y}{\partial t^2} = T(\sin \theta' - \sin \theta)$$

となる．Δy が微小であれば θ, θ' も微小であるので

$$\sin \theta' - \sin \theta \approx \tan \theta' - \tan \theta = \frac{\partial y(x + \Delta x)}{\partial x} - \frac{\partial y(x)}{\partial x}$$

としてよい．また，Δx が微小であれば

$$\frac{\partial}{\partial x}\left(\frac{\partial y}{\partial x}\right) \approx \frac{\dfrac{\partial y(x+\Delta x)}{\partial x} - \dfrac{\partial y(x)}{\partial x}}{\Delta x}$$

と近似できるので，波動方程式

$$\frac{\partial^2 y}{\partial t^2} = \frac{T}{\sigma}\frac{\partial^2 y}{\partial x^2} \qquad (2)$$

を得る．(2)式と上述の波動方程式(1)を比較すると，波の速さが

$$V = \sqrt{\frac{T}{\sigma}} \qquad (3)$$

で与えられることがわかる．

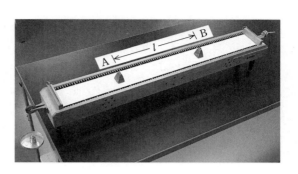

図 2　一弦琴

図 2 のように AB の両端を固定し，長さ l（AB 間の距離）の定常波をつくればその固有振動数 n は

$$n = \frac{V}{\lambda} = \frac{1}{2l}\sqrt{\frac{T}{\sigma}} \qquad (4)$$

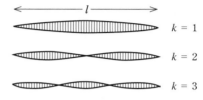

図 3　弦の固有振動

として求まる．ただし，λはその波長である．

この弦に交流を通じ，磁石を用いて磁場を与えるとフレミングの左手の法則によって弦には力が加わる．ところで弦を流れる電流は交流なので，電源のサイクルに応じて電流の向きが変わるごとに弦に加わる力の向きも 180°変わる．この結果，弦は電源の振動数 f で強制振動を受けることになる．いま弦の固有振動数 n を変化させて $n = f$ となるようにすれば，弦は共振現象を呈し強く振動する．弦の固有振動数を変えるには(4)式により，l, T, σ のどれを変えてもよい．この実験では l と T とを変えて観測する．一般に弦の固有振動数を n，強制振動の振動数を f とすれば，n と f との比が整数であるときにも共振現象を生じる．この実験では強制振動の振動数の f（電源の振動数）は一定であって変えることはできないが，弦の固有振動 n は可変であるので

$$f = kn \quad (k = 1, 2, 3, \cdots) \qquad (5)$$

のときに共振する．このことは $k = 1$ すなわち $f = n$ のときは弦の固有振動と電源の振動数とが共振することになり，この振動状態のことを「弦の原振動」と呼んでいる．

これに対して l を一定にして張力 T の値を適当に変えてやると $k = 2, 3, \cdots$ に対応する固有振動が起こり，弦は $2, 3, \cdots$ 部分に分かれて図 3 のような振動が観測される．これらをそれぞれ 2 倍振動，3 倍振動という．

§3　測 定 器 具

一弦琴，物差し（1/1 mm），天秤用分銅，永久磁石，分銅受皿，銅線（1 m 位），マイクロ・メーター，電源．

§4　測 定 方 法

測定の中心は，張力 T を変えてそのときの弦の固有振動と電源周波数による強制振動とが共振

する状態（図3参照）を観測し，そのときの l を測定することである．張力 T は分銅の質量を M，分銅受皿の質量を M_0，重力加速度を g とすれば，

$$T = (M + M_0) \cdot g$$

と表され，分銅の質量および分銅受皿の質量は与えられているから，銅線の線密度 σ がわかれば(4)式により固有振動数 n が，そして(5)式により電源の周波数 f が決定される．

4-1 σ の測定

銅線の線密度 σ は銅線の平均直径を d，体積密度を ρ とすれば

$$\sigma = \frac{\pi}{4} d^2 \rho \tag{6}$$

で与えられる．d は線の直径を数箇所において，かつその点で互いに直角な2方向につきマイクロメーターで，合計して5回測定する．ρ の値は後の付録で調べた値を用いる．

4-2 $k = 1$ の場合の l の測定

図4は実験器具の接続図である．使用する電源は商用電源の電圧をトランスで数ボルトにおとしたもので，電流調節用のつまみがついている．弦のほぼ中央に磁石をおいて，分銅をのせる受皿を指で軽く押してみる．弦に注意しながら指の力を加減してみると適当なところで共振現象がみられる．

もし弦が共振しないようならば電流を調節してこれを繰り返し試みる．以上の操作でたいていの場合は弦の共振がみられるが，どうしても共振しないようならば接続の誤りがないかどうか調べる．

このようにして準備が整ったら，適当な T （$M + M_0$ が $180 \sim 190$ g）の値を選び，図3中の $k = 1$ に対応する l の測定を行う．

共鳴点の決定およびそのときの琴柱の間隔 l の測定は，独立に5回繰り返す．

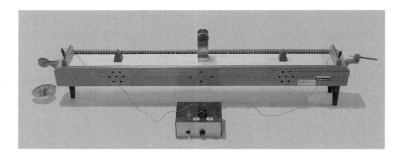

図4 実験接続図

検討：琴柱の間隔を適当に選んで，与えられた T という条件の下で共振状態を観測し，l を決定するわけであるが，測定を始める前に次の点について班内で議論し，確認しておくこと．

◎共振状態の決定をどのようにして行うか．そしてその決定を客観的にかつ系統的な誤差が入りこまないよう行うためにどのような方法をとるのか．

4-3 $k = 2, 3$ の場合の l の測定

$k = 1$ のときの l を変えずに T を $\frac{1}{4}$, $\frac{1}{9}$ 倍にすると，図3のように $k = 2, 3$ に対応する共振状態が観測されるはずである．ただし，実際には琴柱や滑車部分での摩擦などにより，多少共振条件からずれる可能性もあるので共振状態が最も強く起こるように l を調節して，それぞれの場合の l の測定を5回ずつ測定を行う．なお，磁石は常に振動の腹の位置に置くように注意すること．

§5 測定値の整理（例）

直接測定値 d, l の整理について例を示す．

表1

回 数 (N)	零点補正 a_i [mm]	直 径 D		v_i [mm]	$v_i{}^2$ [mm^2]
		測定点 d_i [mm]	$D = d_i - a_i$		
1	0.002	0.193	0.191	± 0.000	0
2	0.002	0.189	0.187	-0.004	16×10^{-6}
3	0.000	0.195	0.195	$+0.004$	16×10^{-6}
4	0.004	0.194	0.190	-0.001	1×10^{-6}
5	0.000	0.191	0.191	± 0.000	0

確率誤差 ε_d は

$$\varepsilon_d = \sqrt{\frac{\sum v_i{}^2}{5(5-1)}} = 1 \times 10^{-3}$$

ゆえに，銅線の直径 d は $d = (0.191 \pm 0.001)\,\mathrm{mm}$

表2

回数 (N)	長さ l_i [cm]	v_i [cm]	$v_i{}^2$ [cm^2]
1	91.84	$+0.26$	676×10^{-4}
2	91.48	-0.10	100×10^{-4}
3	91.59	$+0.01$	1×10^{-4}
4	91.45	-0.13	169×10^{-4}
5	91.56	-0.02	4×10^{-4}
$\dfrac{\sum l_i}{N} = 91.584$		$\sum v_i{}^2 = 9.5 \times 10^{-2}$	

$k = 1$
$M = 200\,\mathrm{g}$

確率誤差 ε_l は

$$\varepsilon_l = \sqrt{\frac{\sum v_i{}^2}{5(5-1)}} = 0.07$$

ゆえに，共振状態における長さ l は

$$l = (91.58 \pm 0.07)\,\mathrm{cm}$$

（4）式と（6）式を組み合わせると

$$n = \frac{1}{dl}\sqrt{\frac{T}{\pi\rho}} \tag{7}$$

が得られる．この（7）式に測定した d と l の最確値を代入すれば n が得られる．

$$T = (M+M_0)g = (200+14.2)\times 10^{-3}\,\mathrm{kg}\times 9.8\,\mathrm{m/s^2} = 2.099\,\mathrm{N}$$

$$\pi\rho = 3.14\times 8.93\times 10^3\,\mathrm{kg/m^3}$$

であるから

$$n = \frac{1}{0.191\times 10^{-3}\times 0.9158}\sqrt{\frac{2.099}{3.14\times 8.93\times 10^3}} = 49.46\,\mathrm{Hz}$$

が求まる．また，間接測定値 n に対する確率誤差 ε_n は総論の誤差論に従い，誤差伝幡の式を用いて

$$\varepsilon_n{}^2 = \left(\frac{\partial n}{\partial d}\right)^2 \varepsilon_d{}^2 + \left(\frac{\partial n}{\partial l}\right)^2 \varepsilon_l{}^2 \tag{8}$$

より求めることができる．

$$\left(\frac{\varepsilon_n}{n}\right)^2 = \left(-\frac{1}{d}\right)^2 \varepsilon_d{}^2 + \left(-\frac{1}{l}\right)^2 \varepsilon_l{}^2$$

より

$$\varepsilon_n = n\sqrt{\left(\frac{\varepsilon_d}{d}\right)^2 + \left(\frac{\varepsilon_l}{l}\right)^2} = 49.5\sqrt{\left(\frac{0.001}{0.191}\right)^2 + \left(\frac{0.07}{91.58}\right)^2} = 0.26\,\mathrm{Hz} \tag{9}$$

ゆえに

$$f = (49.5\pm 0.3)\,\mathrm{Hz}$$

§6　実験ノートとレポート

　実験ノートの段階では $k=1$, $k=2$, $k=3$ の場合の測定について f の最確値を求める．さらに $k=1$ の場合について確率誤差を求めるところまで各人が行うこと．

　レポートでは，$k=2$, $k=3$ の場合の測定についてもそれぞれの確率誤差を求め，総論に述べてある価値平均値と価値平均値の確率誤差を求め，測定した関東地方の交流周波数を決定すること．

§7　質　　問

(1)　関東地方の商用周波数は $50.0\,\mathrm{Hz}$ である．この実験で求めた周波数の値をこれと比較し，両者に測定誤差以上のくいちがいがある場合にはその原因を考えてみよ．

(2)　この測定の際に入りこむと思われる誤差の原因を列挙し，それらの測定値への寄与の度合，およびどうしたら誤差を少なくできるかを考えよ．

　　特に弦とそれが接触するいくつかの部分との間の摩擦が測定値に与える影響について論ぜよ．

(3)　共振の状態を客観的に観測するためのよりよい方法を，装置の改良をも含めて考えよ．

(4)　一弦琴の振動は横波である．縦波の現れる現象を例をあげて説明せよ．

5. 分光計による光の波長測定

§1 目　的

分光計のしくみ，その正しい使用法を理解し，これを用いて水銀，ヘリウムなどの発光スペクトル線の波長を測定する．

§2 測定原理

回折格子はガラス平面上に等間隔に平行な溝を引いたものである．光は回折格子を通ると回折し，また互いに干渉し合って一定方向に一定波長の光が強められる．

図1において波長 λ の平行光線が格子 G に入射し，回折した後，ϕ 方向で干渉し強められたとすると

$$d \sin \phi = m\lambda \qquad (1)$$

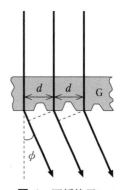

図1 回折格子による光の回折

なる関係がある．ただし，d は格子間隔であり，ϕ はふれの角，m はいわゆる回折像の次数と呼ばれるもので，$1, 2, 3, \cdots$ の値をもつ．ここで d は回折格子の格子定数と呼ばれ，単位長さあたりの溝の数 N の逆数に等しい．d の値は使用する回折格子によって決まっており，同じ m 次の回折像だけを考えるとすれば，入射光の中に異なる波長を持つ光が交じっていても，その波長 λ に従って (1) 式を満たすような角度 ϕ の方向でそれぞれが強め合うことになる．この原理によりスペクトル線を波長ごとに分けること（分光）ができる．N が（したがって d が）わかっている回折格子を用いて未知の波長を持ったスペクトル線を回折させ，m 次の回折像のふれ角 ϕ を測定すれば，(1) 式によりその波長 λ を計算で求めることができる．

§3 測定器具

測定器具（図2）は分光計とスペクトル用光源部に大別される．分光計の主要部は，コリメーター，回折格子および望遠鏡の3つである．その他，ふれの角 ϕ を読み取るための目盛板（副尺付），読み取り用接眼レンズ，回折格子支持台，コリメーターおよび望遠鏡の位置調節用ねじがある．コリメーターはスリットから入った光を凸レンズで集め，平行光線を作る役目をしている．スリットは刃の位置をねじで移動させることによりその幅が，V字型楔を挿入することによりその長さが，それぞれ調節できるようになっている．

スリット幅は原理的には狭いほどよいが，狭くしすぎると像が暗くなってしまう．視野の中で鮮明な縦線が見えるようであればよい．ただし，狭くしすぎて刃をいためないように注意すること．光源部は水銀またはヘリウムを封入した放電管（カバーおよび支持台付）と点灯回路からなっている．放電管を点灯させるには電源スイッチを ON にしたのち，スターター・ボタンを数秒間押

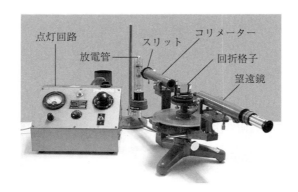

図 2

し続けて放電管のフィラメントが赤熱してきたらはなせばよい．放電管を点灯したらしばらく待っ
て，放電状態が安定してから測定を始める．なお，放電電流は 1 A 程度におさえておくこと．

　回折格子は専用のホルダーに固定されている．格子面が入射光に対して垂直になるように中央の
台上にセットする．このとき台の中央に回折格子を置くようにする．これらの取り扱いは注意深く
行い，特に回折格子の表面をさわって汚すことのないよう注意すること．

　分光計の調節は以下の 3 点について，あらかじめなされているはずである．

Ⅰ）　望遠鏡の焦点が平行光線に合っていること．

Ⅱ）　望遠鏡の光軸が分光計の回転軸に垂直になっていること．

Ⅲ）　コリメーターの光軸が分光計の回転軸に垂直になっており，コリメーターから出た光が平
　　　行光線になっていること．

　しかしながら，前の実験者が調節を狂わせていることもあるので注意が必要である．本来は実験
前に前述の調整事項についての確認が必要であるが，目視によって以下の点を確かめてみる．

Ⅰ）　分光計全体を上から見て，コリメーターと望遠鏡の光軸が回転中心（回折格子支持台の中
　　　心）を通る一直線上に配置されている．

Ⅱ）　分光計全体を横から見て，コリメーターと望遠鏡の光軸が水平な一直線上に配置されてい
　　　る．

Ⅲ）　コリメーターの軸と回折格子の面とが垂直になっている．

　調整用のねじを不用意にいじって狂わせることのないように注意すること．

§4　測 定 方 法

　放電管を点灯すると，放電管からはそれらの全てが交じった青白い明るい光が放射される．波長
が違えば（つまり色が違えば）異なる回折角のときに (1) 式の関係に従って，干渉し強め合う．そ
のために紫，青，黄緑，黄（オレンジ）などのスペクトル線が分かれて見えるわけである．

　回折格子を通して入射光を見ると，コリメーターの正面に $m = 0$ に対応する回折を受けていな
い明るい白色のスリット像が見える．その左右に対称的に $m = 1$ 以上の各スペクトル線に対する
回折像が順に観測できる（図 3 参照）．

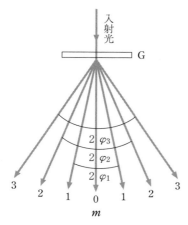

図 3 回折像の位置と次数の関係図

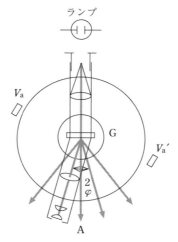

図 4 望遠鏡，回折格子，目盛付円盤，および，バーニアの位置関係

それぞれのスペクトル線の回折角 ϕ_i を求めるには，図 4 のように望遠鏡を回折格子の正面（A）の左側にもってきて，$m=1$ に対応する回折像（たとえば，最初に青のスリット像）に望遠鏡の十字線を合わせる．そのときの左右のバーニアの読みをそれぞれ V_a および V_a' とする．次に望遠鏡をA の右側に移動して，同じように対応する回折像に望遠鏡の十字線を合わせる．このときの左右のバーニアの読みをそれぞれ V_b および V_b' とすれば，このときの回折角は

$$\phi_1 = \frac{1}{4}\left\{(V_a - V_b) + (V_a' - V_b')\right\} \tag{2}$$

で求めることができる．このように，4 つの副尺の読みから 1 つの ϕ_i が決定されることに注意．また，円板に刻まれている角度の目盛は，0°（360°）のところが不連続点になっている．副尺がこの不連続点を越えて移動する場合には，読み取った副尺の目盛を単純に (2) 式に代入しても正しい ϕ_i の値は求まらないことに注意．

検討：(2) 式を実際に確かめよ．

　また，左右のバーニアを読むとき，左右について分担せず一人で行わなければならないが，この理由は何か？

測定は 3 本の回折像に対して，$m=1$ の条件での ϕ_i の測定をそれぞれ 5 回繰り返して，ϕ_i の平均値を求め，(1) 式によって波長を決定する（紫のスペクトル線は強度が小さい（暗い）ので，測定しなくてもよい）．（ここで，水銀のオレンジは 2 本のスペクトルに分かれて見えるが，どちらか 1 本のみについて測定すればよい．）ただし，左右で外側のものあるいは内側のもの同士を組み合わせなければならないことに注意．使用する回折格子は 1 cm あたり 2000 本の溝が引かれているので，格子定数 d は 1/2000 cm ということになる．

回折格子の溝が正しく等間隔に引かれていないと実際には存在しない回折像（ghost）が現れることがあるので注意しなければならないが，これは一般にうすく出るので，注意深く観察すれば区別することができる．明るく，はっきり見える回折像を選んで測定する．

V_a，V_a'などのバーニアの目盛は角度の実用単位である［度］（記号は°）で刻まれている．この単位は60進法に従うことに注意．また，補助単位として［分］，［秒］があり，$1° = 60'$（分），$1' = 60''$（秒）である．

副尺の目盛は，$0.5° = 30'$を30等分して$1'$まで読み取ることができる．

副尺の使い方については長さの測定の際に学んだノギスの使い方を参照．

§5 測定値の整理

3本のスペクトル線（青，黄緑，黄）に対して次のような表を作って整理し，平均のϕを求める．ここで，表中の残差および残差の2乗は確率誤差の計算に必要となるもので，$1[分] = \frac{1}{60} \times \frac{\pi}{180}$［rad］の関係を用いて単位を弧度法（ラジアン）に変換しておかなければならない．

回数 (i)	V_a	V_a'	V_b	V_b'	ϕ_i	残差 [rad]	(残差)^2 [rad^2]
1	$179°53'$	$359°58'$	$166°30'$	$346°30'$	$6°42'45''$	3.782×10^{-4}	14.30×10^{-8}
2	$179°49'$	$359°58'$	$166°36'$	$346°35'$			
3	…	…	…	…	…	…	…
4	…	…	…	…	…	…	…
5	…	…	…	…	…	…	…
オレンジ			平均の ϕ	$6°41'27''$		(残差)^2 の和	81.42×10^{-8}

§6 実験ノート

平均のϕから(1)式によって3本のスペクトル線の波長を決定し，巻末の文献値と誤差の範囲で一致するか比較する．

以下のような考え方で測定の精度の見積り（機械誤差）を行うこと．

この方法による波長測定の精度は

$$\left| \frac{\Delta\lambda}{\lambda} \right| = \left| \frac{d\lambda}{d\phi} \cdot \frac{\Delta\phi}{\lambda} \right| \tag{3}$$

で与えられる．ここで，$\Delta\lambda$は決定した波長λに含まれることが予想される誤差であり，$\Delta\phi$は回折角ϕの測定における機械誤差である．$\lambda = d\sin\phi$であり，$\frac{d\lambda}{d\phi} = d\cos\phi$であるから，$\left| \frac{\Delta\lambda}{\lambda} \right| = \left| \frac{\Delta\phi}{\tan\phi} \right|$となる．回折角$\phi$の機械誤差$\Delta\phi$を副尺目盛の最小読み取り値$1'$（分）と考えると，(1)式を用いて決定した波長$\lambda$に含まれると予想される誤差の程度を計算することができる．ここでϕ

の誤差 $\Delta\phi$ の値は $1'$（分）をラジアンに変換して $\Delta\phi = \dfrac{\pi}{180} \times \dfrac{1}{60}$ rad としてから計算しなくてはならないことに注意．$\Delta\lambda$ は平均の ϕ とそれを用いて計算した波長 λ を用いて（3）式から簡単に求まる．

　このようにして求めた誤差 $\Delta\lambda$ を用いて測定値の有効数字を決定し，実験結果を $(\lambda \pm \Delta\lambda)$ 単位，の形で示せ（誤差は四捨五入して1桁，測定値の有効数字は最初に誤差を含む桁までという原則に注意）．

　巻末の文献値との比較を行うこと．**誤差の範囲**で測定値と文献値との一致は得られたか，もし得られなければその原因を考えよ．

　レポートでは，上で求めた機械誤差とともに3つのスペクトル線に対する測定値の確率誤差の計算を，§8を参考にして行い，どちらか大きい方をこの測定値の誤差としてまとめ，文献値との比較を行うこと．

§7　問　題

(1)　回折格子の式（1）を導け．

(2)　元素の発光スペクトルはその元素固有のものであることが知られているが，これはどのような理由によるものか．

§8　確率誤差の求め方

　$d \sin\phi = \lambda$ より，波長 λ を求める式は $m = 1$ として

$$\lambda = f(\phi) = d \sin\phi$$

回折角 ϕ の確率誤差を ε_ϕ，波長 λ の確率誤差を ε_λ とすれば，

$$\varepsilon_\lambda = \frac{\mathrm{d}f(\phi)}{\mathrm{d}\phi} \cdot \varepsilon_\phi = d \cos\phi \cdot \varepsilon_\phi$$

であるから，$\varepsilon_\phi = \sqrt{\dfrac{\sum\limits_{i=1}^{5}(\phi - \phi_i)^2}{5(5-1)}}$ を計算して代入すればよい（たとえば，長さの測定における

直接測定値の確率誤差の計算例を参照）．ただし，ε_ϕ の計算を行う際には，データ表の例にあるように ϕ を，残差を計算する段階において60進法の度・分単位からラジアン単位に変換した後に実行しなければならないことに注意．

　このように発光スペクトルの波長に関する測定値について，その確率誤差を求めることができたら，§6で求めた機械誤差 $\Delta\lambda$ と ε_λ とを比較して，大きい方を今回の測定に含まれる誤差として採用し，測定値をまとめて，文献値との比較を行う．

バーニアの読み方

- 角度の実用単位は，「度（°），分（'），秒（"）」である．
- これらは「60進法」である．$1° = 60'$　$1' = 60"$
- この分光計では，主尺と副尺との組み合せで角度を $1'$（1分）まで読むことができる．
- 主尺の最小目盛は $0.5°$（$= 30'$），この $30'$ より細かい部分を副尺で，どこの目盛り線が一致しているかで決める．
- 図のような場合では，まず副尺の 0 で主尺を読む．ここでは $175.5° + \alpha$，さらに目盛り線が一致しているところが 22 だから，$175°30' + 22' = 175°52'$ となる．

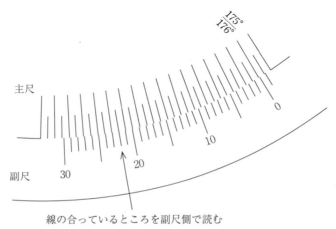

線の合っているところを副尺側で読む

図 5　副尺の読み方

6. 熱の仕事の当量の測定

§1 目　　的

水熱量計の中にある抵抗線に電流を通じて発熱させ，熱の仕事当量を測定する．

§2 原　　理

r [Ω] の抵抗線に I [A] の直流電流を通ずると，1秒ごとに rI^2 [J] の熱エネルギーを発生する．抵抗線の両端の電位差を V [V]，電流を通じた時間を t 秒とすれば，発生した熱量 W [J] は

$$W = rI^2t \text{ [J]} = VIt \text{ [J]} \tag{1}$$

この熱の発生のために比熱 C [cal/g・℃] の水 m [g] を入れた熱量計を加熱して温度が θ_1 [℃] から θ_2 [℃] まで上昇したとする．いま熱量計の容器，かきまぜ器，抵抗線，および温度計プローブの水中にある部分などの水当量の総和を w [g] とすれば

$$W = C(m+w)・(\theta_2 - \theta_1) \text{ [cal]} \tag{2}$$

(1)，(2) の2式から熱の仕事当量 J は

$$J = \frac{VIt}{C(m+w)(\theta_2 - \theta_1)} \quad \text{[J/cal]} \tag{3}$$

ただし，普通の実験では $C = 1$ と考えてよい．

水温 θ の測定にはデジタル温度計を使用する．

§3 器　　具

熱量計，電流計，電圧計，デジタル温度計，直流電源，電子天秤，ストップウォッチ（準備室にて借りること）．

§4 実 験 方 法

(1)　まず図1のように配線を行う（電圧計，電流計は零点が合っていることを確認する）．電圧計，電流計で使用するレンヂは，この実験で使う電圧，電流値に適したそれぞれ 10 V，3 A のレンヂを使用する．温度計のプローブ P は，抵抗線 r に極端に近すぎないようにセットすること．

(2)　熱量計の銅製容器 C とかきまぜ器 S（黒色エボナイトの柄を取りはずして）のそれぞれの質量 m_C, m_S を電子天秤で測る．次に，銅製容器 C の中に抵抗線 r が水中に浸る程度の水を入れ，（銅製容器 C＋水）の質量を測り，m_C との差を水の質量 m とする．

(3)　装置が図1のように配線してあることを確認したら，パワースイッチ [POWER SW] および OUTPUT SW を入れ，$V \times I$ が4〜5 W 程度となるように V_V, V_A のつまみを手早く調節した後，いったん OUTPUT SW を切っておく．

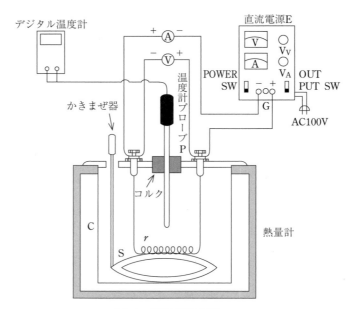

図 1 測定系概念図

(4) 次にかきまぜ器をたえず静かに上下して撹拌し（ニクロム線に触れないよう，また蓋に水が飛び散らないように），水温と時刻を 1 分間隔で 3 〜 4 分測定する．また並行して気温の測定を実験が終了するまで 2 〜 3 分おきに行う．

(5) OUTPUT SW を再び入れ，そのときの時刻と水温を記録し (4) と同じ要領で撹拌しながら 1 分ごとに水温と電流計 A，電圧計 V の読みを記録する．図 2 において t_1 と t_2 での水温の差は 5 ℃ 程度を目安とする．とくに OUTPUT SW を切った直後は温度計から目を離すことなく水温の最高値とそのときの時刻を記録する．続いて (4) と同じ実験操作を行い水温の時間に対する変化を 10 〜 15 分測定する．

撹拌は十分に行い，温度が時間に対して直線的に上昇するように注意すること．

(6) 1 回測定が終ったらすぐに図 2 のようなグラフを描き（p. 4 のグラフの描き方参照），t_1-t_2 間が直線的に上昇しているかを確認する．測定は 1 回ごとに水を取り換え，2 回実験を行う．このとき I と t を変えてもよい．

(7) 水当量の計算

熱量計の容器 C，かきまぜ器 S の材質は銅であるから，その比熱を 0.0919 cal/g・deg とすれば C と S とをあわせた水当量 w は

$$w = 0.0919 \times (m_C + m_S)$$

抵抗線（ニクロム線）r および温度計プローブ P の水当量は小さいので無視してよい．

§5 測定値の整理と熱の仕事当量の計算

測定値の整理の形式例を表1および表2に示す.

J の計算においては,

$$J = \frac{V \cdot I \cdot \tau}{C(m+w)(\overline{\Theta} + \Delta\theta')} \tag{4}$$

のように (3) 式の時間 t および $\theta_2 - \theta_1$ のかわりにそれぞれ表2の時間 τ および温度差の平均値 $\overline{\Theta}$ および補正値 $\Delta\theta'$ を使って計算する. $\Delta\theta'$ の計算については次項の熱放散の補正を参照.

$1'$, $2'$ ……スイッチを入れる前

1, 2　　……スイッチを入れてから

$1''$, $2''$……スイッチを切ってから

表 1

測定回数	時　刻 t [秒]	気　温 θ_0 [℃]	水　温 θ [℃]	電　圧 [V]	電　流 [A]
$1'$	0	20.09	17.50	0	0
$2'$	60	20.14	17.65	0	0
⋮	⋮	⋮	⋮	⋮	⋮
1	360	20.88	18.35	3.50	2.01
2	420	20.91	18.87	3.48	⋮
⋮	⋮	⋮	⋮	⋮	⋮
10				3.50	2.02
$1''$	⋮			0	0
$2''$	⋮			⋮	⋮
⋮	⋮			0	0

表 2

測定番号の差	時間 τ [秒]	温度差 Θ [℃]
$6-1$	300	2.63
$7-2$	300	2.65
⋮	⋮	⋮
$10-5$	300	2.63
平均値		$\overline{\Theta} = 2.63$

熱放散の補正

熱量計の断熱が完全でない限り熱の吸収, 放散が起こる (図2の $t_0 \sim t_1$ 間, $t_2 \sim t_3$ 間の水温が, それぞれ上昇, 下降 ($\Delta\theta$) することから明らか). 熱量計の容器を通して単位時間に出入りする熱量は容器外部との温度差に比例する (ニュートンの冷却の法則).

$$-\frac{dQ(t)}{dt} = -C\frac{d\theta(t)}{dt} = \alpha(\theta(t) - \theta_0) \tag{5}$$

ここで比例定数 α は熱量計の形状などに依存する固有の定数である. 図2において容器内の水温

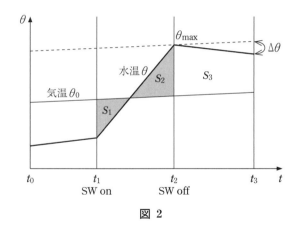

図 2

$\theta(t)$ および容器外部の温度（気温）$\theta_0(t)$ を直線で近似し，t_2 から t_3 までの温度下降を $\Delta\theta$（$\theta_{\max}$ を通る点線は気温 $\theta_0(t)$ の直線と平行に引く）とすると

$$\Delta\theta = K\int_{t_2}^{t_3}(\theta-\theta_0)\,\mathrm{d}t = KS_3 \tag{6}$$

と表せる．（6）式の積分は図 2 中の t_2, t_3 間の直線 $\theta(t)$ と $\theta_0(t)$ に囲まれた面積 S_3 を表す．

　この式から比例定数 K（熱量計に固有の定数）が求まる．通電時間中も同様に水温と気温の温度差に比例した熱の出入りが起こる．また，（6）式の積分範囲を通電時間 t_1, t_2 に変えた積分は，図 2 の S_2-S_1 の面積を表す．したがって，熱量計の水温の，気温との温度差による温度変化 $\Delta\theta'$（この値は正の場合も負の場合もある）は（6）式から求めた K を使って

$$\Delta\theta' = K\int_{t_1}^{t_2}(\theta-\theta_0)\,\mathrm{d}t = K(S_2-S_1) \tag{7}$$

と表せる．この $\Delta\theta'$ は通電時間全体に対する補正値であるから，実際には J の計算に使用する τ 秒（表 2）あたりの補正値を比例計算で求める．容器内の水温の最低，最高温度を気温よりそれぞれ数度低く，高く選べば，この補正値はかなり小さくすることができる．

§ 6　実験ノートとレポート

　図 2 に対応するグラフを描くこと．（4）式を使って J の値を計算するが，実験ノートの段階では $\Delta\theta' = 0$ とおいて J を計算する．2 回行った実験で求めた J の値の平均値を計算し，一般に知られている値と比較検討せよ．

　レポートでは $\Delta\theta'$ を計算し（§ 5. 実験方法の熱放散の補正の項を参照せよ），（4）式より J の値を計算せよ．また，J の相対誤差を考慮（§ 7. 質問の (1) を参照）し，J の有効数字を決定せよ．

§ 7　質　問

(1)　J の相対誤差 $\left|\dfrac{\Delta J}{J}\right| = \left|\dfrac{\Delta V}{V}\right| + \left|\dfrac{\Delta I}{I}\right| + \left|\dfrac{\Delta \tau}{\tau}\right| + \left|\dfrac{\Delta \overline{\Theta}}{\Theta}\right| + \left|\dfrac{\Delta(m+w)}{m+w}\right|$ を見積って，これより ΔJ

を計算し，J の実験値の何桁目にこの誤差がでてくるか考え，J の有効数字を決定せよ．ΔV，ΔI は電圧計，電流計の最小読み取り値を代入する．$\Delta \tau$ は合図などの時間の誤差として 1〜2 秒程度を入れる．$\Delta \bar{\Theta}$ は表 2 の Θ のバラツキ程度を代入する．$\Delta (m+w)$ は水および水当量の測定誤差を見積って代入せよ．

(2) 面積 S_1 および面積 S_2 が外気からの吸熱量と放熱量に比例していることをニュートンの冷却則を用いて説明せよ．

(3) この実験で，撹拌が良好に行われなかった場合，計算した J の値に具体的にどのように影響するか理由を述べて説明せよ．

(4) J 値を求めるこの実験装置では電流計 A の示す電流値は，抵抗線に通ずる電流の強さよりもごくわずか大きな値になるといわれるがその理由を説明せよ．

(5) この実験で J を求めるにあたり，抵抗線の水当量を無視したが，この抵抗線の水当量を測定して計算すれば J の値は，無視したときに比べて大きくなるか，それとも小さくなるか．

(6) 熱の伝わり方について述べて，それらがこの実験にどのように影響するか考えよ．

7. 液体の粘性率
—— Hagen-Poiseuille の法則から求める方法 ——

粘性率を測定するには，毛細管を利用して Hagen-Poiseuille の法則から求める方法，球の落下速度を測り Stokes の法則から求める方法，液体中で円筒や円板を回転させ回転振動の減衰から求める方法など，数えきれないほどある．

§1 目　的
毛細管を利用して，管中を流れる流体，特に水についての粘性率を測定し，Hagen-Poiseuille の法則を理解する．

§2 理　論
粘性のある流体が図1のようにその流線と垂直方向に速度勾配をもっているとき，その境界面に沿って，互いに相対速度を減ずる方向に接線応力（内部摩擦力）が働く．この流線に沿って境界面の面積 s，垂直方向（y 軸）の速度 $\dfrac{\mathrm{d}v}{\mathrm{d}y}$，接線応力 F とすれば，実験的に次の関係が成立する．

$$F = \eta s \frac{\mathrm{d}v}{\mathrm{d}y} \tag{1}$$

この η は流体の種類によって決まる定数で，これを粘性率または粘性係数という．

粘性流体が太さ一様な細い管内をゆるやかに流れるとき層流となる．

内半径 a，長さ l の管中を流れる流体に対し，管と同軸の円筒状の薄い層を考えると管壁においてはその付着力のため流体は動かず，その内側の層はその粘性のため流速が減ずる．この作用が順次内層へ働き，中心の層がいちばん大きな流速をもつことになる（図2(a)）．

図2(b)に示すように半径 a の管と同軸で半径 r の円柱流体を考える．管の両端における圧力を P_1，P_2 とすればこの部分が流れの向きにうける力は

$$\pi r^2(P_1 - P_2) = \pi r^2 P$$

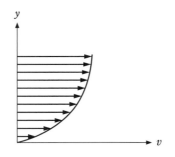

図 1　壁面（境界面）付近の流体速度分布

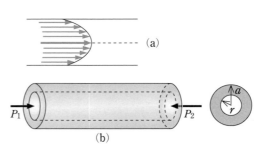

図 2　(a) 管内の流体速度分布
　　　　(b) 使用する管の概念図

また中心から r の距離における流速 v とすれば流れと反対向きの粘性力 f は

$$f = 2\pi r l \eta \frac{\mathrm{d}v}{\mathrm{d}r}$$

流体が定常運動をしているから円柱に働く力は 0 となり，

$$\pi r^2 P + 2\pi r l \eta \frac{\mathrm{d}v}{\mathrm{d}r} = 0 \quad \left(\frac{\mathrm{d}v}{\mathrm{d}r} < 0\right)$$

$$\frac{\mathrm{d}v}{\mathrm{d}r} = -\frac{rP}{2\eta l}$$

が成り立つ．

$r = a$ で $v = 0$，$r = r$ で $v = v$ であるから

$$\int_v^0 \mathrm{d}v = -\frac{P}{2l\eta} \int_r^a r\,\mathrm{d}r$$

したがって

$$v = \frac{P}{4l\eta}(a^2 - r^2)$$

図 2 (a) のように流速 v は半径 r の 2 乗に関係し，速度分布は放物線となることがわかる．

つぎに単位時間に管を通過する流体の体積 q は

$$q = \int_0^a 2\pi r v\,\mathrm{d}r = \frac{\pi P}{2l\eta} \int_0^a (a^2 - r^2)r\,\mathrm{d}r = \frac{\pi P a^4}{8l\eta}$$

t 時間中に管からでる流体の体積 V は

$$V = q \cdot t = \frac{\pi P a^4 t}{8l\eta}$$

となりこれを Hagen-Poiseuille の法則という．

さらに流体の密度 ρ，重力加速度 g，流管から液面までの高さ h，t 時間中に流出する液体の質量 m を用いて表せば，

$$\eta = \frac{\pi a^4 \rho^2 g h t}{8lm} \tag{2}$$

となり m, l, a, t を測定すれば粘性率 η を求めることができる．

§3 器　　具

水槽，水準器 1，ゴム管およびピンチコック 1，毛細管 1，電子天秤，温度計，ビーカー，スケール，ストップウォッチ（準備室にて借りること）．

§4 実 験 方 法

図 3 に測定装置の概略を示す．これを用いて水の粘性率を測定する．

A は水槽で，水槽 B にたえず水を送る．水槽 B の中にはガラス管 C があり，A からの水の供給量が毛細管 E から流れ出す量より多くしておけば B の水面を一定に保たれる．D は水準器で毛細管を水平に維持する微調整ねじがある．F は E から流出した水をうけるビーカーである．

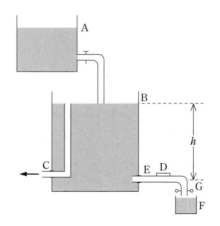

図 3 測定系概念図

実験は次の順序で行う.

(1) ビーカーを水洗いした後,きれいにふきとり,電子天秤で測定し,これを m_0 とする.

(2) 次に毛細管の長さを5回測り,平均値を求める.

(3) 毛細管を水槽 B に固定し,水準器を見ながら水平に固定した後,毛細管の中心軸から水面までの高さ h を目盛つきサイフォン管を用いて5回測る.水槽 A のコックを調節して,水槽 B へ流入する水量を毛細管 E から流れ出す量より多くしておけば(余分な水量はガラス管 C より外部へ流れる)B の水面は一定に保たれる.

(4) ピンチコック G を開き,流れが安定したら,ビーカーをスライドさせて測定用ビーカーに水滴を落とし始める.この時刻を t_0 とする.一定時間経過後ビーカーをスライドさせて測定用ビーカーをはずす.この時刻を t_1 とする.ビーカー F の質量を測ると一定時間 $t = t_1 - t_0$ の間に流出した水量 $m = m_1 - m_0$ が決まる.ピンチコックの開閉の際,ホース内の残留水の影響が出ないよう工夫すること.なお粘性率は温度によって異なるから,測定前後には必ず水温を測る.流出時間は流出水量の有効数字が3桁以上とれるように決定せよ.

(5) 流出水量は測定誤差を考慮して,同一流出時間で5回以上の測定を行い,平均をとる.2回目からそのつど(1)の操作で m_0 を測定する.

　水滴数を数えることによって,一滴あたりの水量が求められる.誤差を論ずる際に,役に立つので,数えておくとよい.

(6) 流出時間を変えて同様な測定を行う.

(7) 水の密度 ρ はその水温における値を定数値より求める.毛細管の半径 a は試料にあたえてあるからそれを用いる.以上から a, ρ, g, t, l, m, h を(2)式に代入すれば粘性率 η が決まる.

§5 測定値の整理（例）

毛細管の半径　0.5311 mm

毛細管の長さ　l

表 1

i	$l_i\,[\mathrm{cm}]$	$v_i = l_i - \bar{l}$	v_i^2
1	36.69	-0.03	9×10^{-4}
2	36.72	0	0
3	36.75	$+0.03$	9×10^{-4}
4	36.73	$+0.01$	1×10^{-4}
5	36.71	-0.01	1×10^{-4}
$\bar{l} = 36.72$		$\sum v_i^2 = 20 \times 10^{-4}$	

$$\varepsilon_l = \sqrt{\frac{20 \times 10^{-4}}{5(5-1)}} = 0.01\,\mathrm{cm}$$

ゆえに　$l = (36.72 \pm 0.01)\,\mathrm{cm}$

高さ　h

表 2

i	$h_i\,[\mathrm{cm}]$	$v_i = h_i - \bar{h}$	v_i^2
1	24.26	$+0.04$	16×10^{-4}
2	24.22	0	0
3	24.24	$+0.02$	4×10^{-4}
4	24.18	-0.04	16×10^{-4}
5	24.20	-0.02	4×10^{-4}
$\bar{h} = 24.22$		$\sum v_i^2 = 40 \times 10^{-4}$	

$$\varepsilon_h = \sqrt{\frac{40 \times 10^{-4}}{5(5-1)}} = 0.014\,\mathrm{cm}$$

ゆえに　$h = (24.22 \pm 0.01)\,\mathrm{cm}$

流出時間　60.0 秒

表 3

i	測定前の水温 $T_0\,[{}^\circ\mathrm{C}]$	測定後の水温 $T_1\,[{}^\circ\mathrm{C}]$	平均水温 $T\,[{}^\circ\mathrm{C}]$	水とビーカーの質量 $m_1\,[\mathrm{g}]$	ビーカーの質量 $m_0\,[\mathrm{g}]$	流出水量 m $m_1 - m_0\,[\mathrm{g}]$
1	20.0	19.9	19.95	177.6	165.8	11.8
2	19.9	20.1	20.00	177.7	165.8	11.9
3	20.1	20.0	20.05	177.6	165.8	11.8
4	20.3	20.0	20.25	177.7	165.8	11.9
5	20.8	20.8	20.80	177.7	165.8	11.9
平均			20.21			11.86

流出水量　m

表 4

i	$m\,[\mathrm{g}]$	$v_i = m_i - \overline{m}$	$v_i{}^2$
1	11.8	-0.06	3.6×10^{-3}
2	11.9	$+0.04$	1.6×10^{-3}
3	11.8	-0.06	3.6×10^{-3}
4	11.9	$+0.04$	1.6×10^{-3}
5	11.9	$+0.04$	1.6×10^{-3}
$\overline{m}=11.86$		$\sum v_i{}^2 = 12\times10^{-3}$	

$$\varepsilon_m = \sqrt{\frac{12\times10^{-3}}{5(5-1)}} = 0.024\,\mathrm{cm}$$

ゆえに流出水量　$m = 11.86\pm0.02\,\mathrm{g}$

　(2) 式に l, m, h の最確値を代入して $20.2\,℃$ における水の粘性率を求めることができる（ρ は p.117 参照）．MKS 単位系（長さはメートル，質量はキログラム，時間は秒）を用いて η を求めると

$$\eta = \frac{\pi a^4 \rho^2 ght}{8lm}$$

$$= \frac{3.142\times(0.5311\times10^{-3})^4\times(0.9982\times10^3)^2\times9.807\times2.422\times10^{-1}\times60.0}{8\times3.672\times10^{-1}\times11.86\times10^{-3}}$$

$$= 1.017\times10^{-3}\,\mathrm{Pa\cdot s}$$

　π, a, ρ, g, t を一定と見なし，直接測定値 l, h, m の確率誤差を用いて間接測定値 η の確率誤差 ε_η を求める．総論に述べてある誤差伝播の式を用いて

$$\left(\frac{\varepsilon_\eta}{\eta}\right)^2 = \left(\frac{1}{h}\right)^2\varepsilon_h{}^2 + \left(-\frac{1}{l}\right)^2\varepsilon_l{}^2 + \left(-\frac{1}{m}\right)^2\varepsilon_m{}^2$$

より求めることができる．

$$\varepsilon_\eta = \eta\sqrt{\left(\frac{\varepsilon_h}{h}\right)^2 + \left(\frac{\varepsilon_l}{l}\right)^2 + \left(\frac{\varepsilon_m}{m}\right)^2}$$

$$= 1.017\times10^{-3}\sqrt{\left(\frac{0.01}{24.22}\right)^2 + \left(\frac{0.01}{36.72}\right)^2 + \left(\frac{0.02}{11.86}\right)^2}$$

$$= 0.002\times10^{-3}\,\mathrm{Pa\cdot s}$$

ゆえに $20.2\,℃$ における水の粘性率 η は

$$\eta = (1.017\pm0.002)\times10^{-3}\,\mathrm{Pa\cdot s}$$

§6　実験ノートとレポート

　実験ノートでは，l, m, h の最確値を用いて水の粘性率を計算で求め，巻末の数値と比較してみる．

　レポートでは，確率誤差を求め，流出量などの測定条件を変えて求めた水の粘性率を価値平均すべきかすべきでないかを判断し，その判断理由を示し，最終結果を決定すること．

§7 質　　問

(1)　実験結果に対し，誤差論が適用できるかどうかを考えよ．適用できると判断したならば η の確率誤差を計算し，適用できない場合はその理由を詳しく説明せよ．

(2)　毛細管の内径を測定するにはどのような方法があるか．

8. 半導体素子の測定

§1 目　的

　現在，一般的に利用されている半導体素子（ダイオード，トランジスタ）の電圧・電流の特性を調べる．ダイオードにおいては，特性曲線をグラフ用紙に描き，整流作用について理解する．また，トランジスターにおいては，エミッター接地の場合の特性曲線をグラフ用紙に描いて電流増幅率 β を計算することにより，増幅作用について理解する．

§2 理　論

　純度の高いゲルマニウムやシリコンなどの14族の真性半導体結晶に15族あるいは13族の元素をごく微量に不純物として混入させて電気伝導を調節する半導体が作られている．すなわち15族の元素を混入したものは，結晶内で結合にあずかる電子が過剰になるので，N型半導体といわれている．また13族の元素を加えたものは，その電子が不足するために正の電荷（これを正孔と呼ぶ）が生じるのでP型半導体という．

2-1 ダイオード（P-N接合）

　ダイオードは上に述べたN型半導体とP型半導体を接合させたもの［図1(a)］で，動作原理は次の通りである．

　図1(b)に示すように，ダイオードのP型に正，N型に負の電圧をかけると，P型領域の正孔はN型領域に，またN型領域の電子はP型領域に流れ込む．P型N型の接合面を通って電流（I_F）が流れることになる．このような電圧のかけ方を順方向電圧という．逆に図1(c)のよう，P型に負，N型に正の電圧をかけると，P型領域の正孔は図の左側に，またN型領域の電子は右側にそれぞれ押しやられて，P-N接合面を通過する電子および正孔はほどんどなくなり電流 I_R はほとんど流れないことになる．このような電圧のかけ方のことを逆方向電圧という．すなわち前者と後者とでは，電流は大きく異なり［図2(a)］，整流作用が存在する．なおダイオードの記号は図2(b)のように示されている．

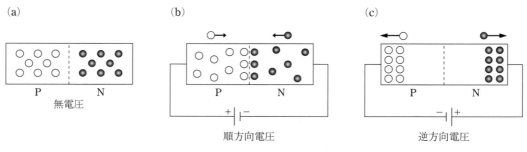

(a)　　　　　　　　　　　　　(b)　　　　　　　　　　　　　(c)

P　N　　　　　　　　　　P　N　　　　　　　　　　P　N

無電圧　　　　　　　　　順方向電圧　　　　　　　　逆方向電圧

図1 ダイオード動作原理

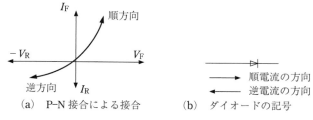

(a)　P-N 接合による接合　　　　(b)　ダイオードの記号

図 2　ダイオード

2-2　トランジスタ

トランジスタは P-N-P, N-P-N 型の 2 種類あるが, ここでは前者について説明する.

トランジスタは **2-1** で述べた P-N 接合を組合わせたもので図 3 (a)（ベース接地の場合）のように示される.

左側の正電圧をかけた P 型領域をエミッタ (E), 右側の負電圧をかけた P 型領域をコレクタ (C), 中央の接地された N 型領域をベース (B) という.

エミッタ側は順方向だからエミッタの P 型領域にある正孔は E-B 接合面を通してベースの N 型領域に注入され, この正孔はベースがきわめて薄いので B-C 接合面に達し, ごくわずかな部分だけが, ベース電極に達してベース電流 (I_b) となる. 一方, コレクタ側は逆方向だから, エミッタからベースへ注入された正孔は, B-C 接合面にかかっている電圧でコレクタ側に抜け出し, コレクタの負電荷に引かれるからコレクタ電流 I_c となる[*1].

よって, いまエミッタ電流を I_e とすれば常に

$$I_e = I_c + I_b \tag{1}$$

I_e を増加させてやると, 同じ V_c に対して, I_c が大となる.

V_c を一定に保ったときの I_e による I_c の変化の割合

$$\left(\frac{\partial I_c}{\partial I_e} \right)_{V_c} = \alpha \tag{2}$$

はベース接地の電流増幅率と呼ばれるが, α は 1 に近くだいたい 0.98 から 0.998 の範囲になる. トランジスタは回路図には図 3 (b), (c) のように示される.

実験は図 3 (c) のようなエミッタ接地の方法で行うが, エミッタ接地の電流増幅率 β の定義および α との関係は次の通りである.

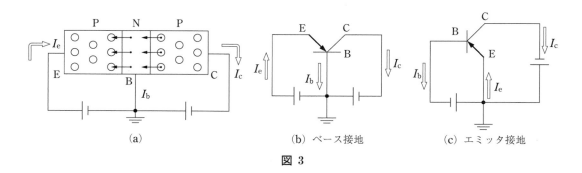

(a)　　　　　　　　(b)　ベース接地　　　　　　(c)　エミッタ接地

図 3

$$\beta = \left(\frac{\partial I_c}{\partial I_b}\right)_{v_c} = \frac{\Delta I_c}{\Delta I_e - \Delta I_c} = \frac{\dfrac{\partial I_c}{\partial I_e}}{1 - \dfrac{\partial I_c}{\partial I_e}} = \frac{\alpha}{1 - \alpha} \tag{3}$$

すなわち，β はだいたい 50 から 500 の範囲にある[*2].

§3 実験器具および試料

実験に必要な配線をほどこしたパネル（ダイオードとトランジスタの 2 台）がある．その端子間の配線図はパネルに印刷されているから実験に応じて端子を使いわけること．このほか次の器具が各 1 台ずつ用意されている．

デジタルマルチメーター 2 台

直流電流計（アナログ 30〜3000 μA）

直流電源（最大 120 V，0.6 A）ダイオードの逆方向特性のみに使用．

直流電源（12 V）トランジスタの特性の測定のみに使用

電池 Box（1.5 V）

電圧計の取り扱いは，カードケースに記入されているから，よく読んでから実験を始めること．

測定材料　ダイオード，トランジスタにはゲルマニウムとシリコンの 2 種類があり特性曲線が異なる（図 6）．本実験では下記の試料の中からダイオード，トランジスタ各 1 種を選んで行う．試料の型名を実験ノートに記録しておく．

ゲルマニウムダイオード（SD 34，1 S 32）
シリコンダイオード（10 D 1，1 S 1585，1 S 1588）}の中より 1 種

シリコントランジスタ（2 SA 814，2 SA 815，2 SA 816）の中より 1 種

実験に際しては必ずグラフ用紙を用意して測定しながら得られた値を直ちにプロットすること．

§4 実 験 方 法

4-1 ダイオードの電圧対電流特性の測定

●順方向特性の測定

(1)　図 4 のようにデジタル電流計と電圧計をパネル面の指示通りに，⊕，⊖ 端子を接続する．

(2)　電圧調節用つまみ R₁，R₂ を電圧 0 の位置（反時計まわりに止まるまでまわす）になっていることを確認する．

(3)　パネル面の電源端子に乾電池 Box（1.5 V）を接続する．以上（1），（2）の準備が終ったら（4）に従って測定を始める．

(4)　R₁ と R₂ を回して，電圧の値（1.2 V 以上はかけないように）を変え，各電圧に対する電流を読み取ると，順方向特性が得られる．

(5)　測定終了後，R₁，R₂ を反時計方向に回して電圧をゼロにしてから電源の接続をはずすこと．

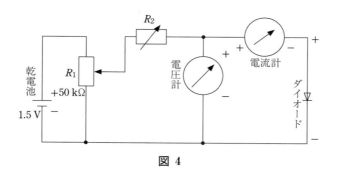

図 4

● 逆方向特性の測定

（1）　電圧用つまみ R_1，R_2 を電圧 0 の位置にする．

（2）　パネル面の電源端子の ⊕，⊖ に対して直流電源を逆接続せよ．この接続を誤ると可変抵抗が焼け切れることがあるので，十分注意すること．

（3）　R_1，R_2 を回して，電圧の値（100 V までかけてよい）を変え，各電圧に対する電流を読み取ると，逆方向特性が得られる．シリコンダイオードでは電圧を 100 V まで変えても I_R が 0 μA の場合があるが，このときも必ず数個の測定記録を残しておくこと．

（4）　測定終了後，R_1，R_2 を電圧 0 の位置にし，電源の出力スイッチと Power スイッチを off にしてから接続をはずすこと．

（5）　上記の順方向，逆方向特性の測定結果をグラフ用紙にプロットして，図 6 のようなダイオードの V–I 曲線を描く．

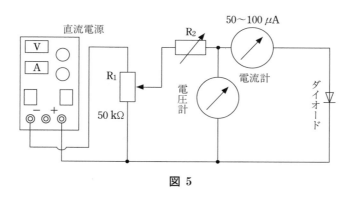

図 5

表 1

測定値の記入例 　　　　　　　　　　　　　　　　　　　　　　気温　°C

試　料	順　方　向		逆　方　向	
	電　圧 V [V]	電　流 I_F [mA]	電　圧 V [V]	電　流 I_R [μA]
1 S 32				

(例)ダイオードの特性曲線
(ゲルマニウムダイオード)

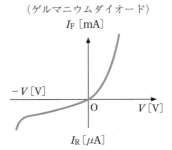

(シリコンダイオード)

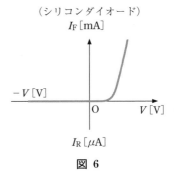

図 6

4-2　トランジスタのコレクタ電圧対コレクタ電流特性の測定（エミッタ接地）

　　A_C：コレクタ電流計（デジタルマルチメーター）

　　V_C：コレクタ電圧計（デジタルマルチメーター）

　　A_B：ベース電流計（アナログ電流計）

　　E_B：ベース印加電圧

　　E_C：コレクタ印加電圧

(1)　図 7 のように，電流計，電圧計をパネル面の指示通りに ⊕，⊖ 端子を接続する．

(2)　コレクタ電圧用つまみ R_1 および，ベース電流用つまみ R_2 が電圧 0 の位置になっていることを確かめること．

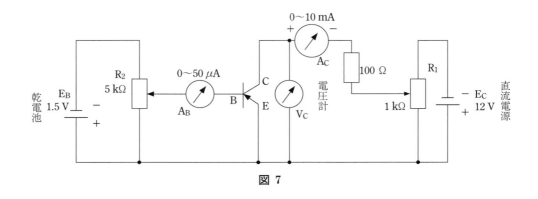

図 7

(3)　E_B，E_c をつなぐ．E_B（1.5 V）は乾電池 Box，E_C（12 V）は専用の直流電源を用い，+12 V（赤）と 0 V（黒）の端子につなぐ．

以上（1），（2）の準備が完了したら，次の順序で測定を始める．

(4)　ベース電流用のつまみ R_2 を回して，ベース電流を適当な値（10 ～ 50 μA の範囲）に選んで一定に保っておく．もし，コレクタ電圧を変化させてベース電流が変わったら，一定になるように R_2 を回して調節をする必要がある．

(5)　コレクタ電圧用つまみ R_1 を動かして，各電圧に対するコレクタ電流を読み取る．このとき測定点は 0 V からコレクタ電流が急激に上昇し終るまではこまかく，それより大きいところでは，あらくとる（この理由を考えよ）．なお，コレクタ電圧が 10 V 程度になるまで測定すること（表 2 参照）．

(6)　ベース電流を変えて（5）の測定を繰り返す．

(7)　実験が終ったならば必ずコレクタ電圧，ベース電流をともに 0 にしておいてから電源をはずすこと．

(8)　図 8 のようにベース電流をパラメータとして，コレクタ電圧対コレクタ電流の特性曲線をグラフに描く．

エミッタ接地の場合のトランジスタ特性を完全に表すためには，コレクタ特性だけでなくベース電圧 V_{BE} も求める必要があるが，V_{BE} の測定はややめんどうであるため，省略する．

表 2　トランジスタのコレクタ特性曲線（シリコントランジスター，エミッタ接地）
試料　2 SA 814

I_B [μA]	10.0	20.0	30.0	40.0	50.0
V_C [V]	I_C [mA]	I_C [mA]	I_C [mA]	I_C [mA]	I_C [mA]
0.00					
0.05					
0.10					
7.0					
8.0					
9.0					
10.0					

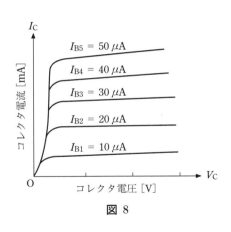

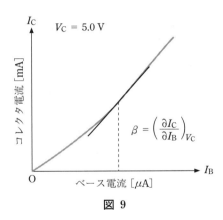

図 8 　　　　　　　　　　　　　　　　図 9

(9)　コレクタ電流対ベース電流（図9）のグラフを描き，(V_C, I_B) が $(5.0\,\mathrm{V}, 30\,\mu\mathrm{A})$ のときの接

線の勾配 $\left(\dfrac{\Delta I_C}{\Delta I_B}\right)$ から β の値を求めよ．

注意：2 SA，2 SB の記号がつくトランジスターは PNP 型である．PNP 型では図7でわかるよう
　　　　に V_C は V_E より低電位にあるので，特性曲線において V_C を負とし，I_C，I_B も負号で示
　　　　す決まりがある．

§5　実験ノートとレポート

　ダイオード V–I 曲線（図6）とトランジスタのコレクタ電圧対コレクタ電流特性曲線（図8）の
グラフを作成する．

　レポートでは，ダイオードの整流作用，トランジスターの増幅作用について実験結果を考察せ
よ．

注意

● 配線は，特に電源の接続は慎重に行うこと．

● 半導体の伝導機構などの詳細は各自，自習自得せよ．

§6　質　　問

(1)　金属，半導体，絶縁体の物理的相違について述べよ．

(2)　I_C–I_B 曲線をみると，ベース電流を増加させると，コレクタ電流が増加していくことがわか
　　る．この理由を考察してみよ[*3]．

---

*1, *2, *3　たとえば，B. G. Streetman 著「接合型半導体」（東海大学出版会，1991, 3rd. ed.）菊池誠監
　　訳，大串，黒須，松本訳

9. 電気回路を用いた過渡現象の観察

§1 目 的

オシロスコープを用いて電圧波形を観測し次の課題を実習する．課題 1, 2 においては，RC 回路に直流電圧を加えたときに生ずる過渡現象を観察し，時定数を測定する．課題 3 では RLC 回路に直流電圧を加えて回路に発生する減衰振動を観察してその振動数を測定する．課題 4 では RLC 回路に正弦波形の電圧を加えて共振現象を観察する．

§2 デジタルオシロスコープによる波形観測

2-1 オシロスコープとは

一般に，時間的に変化する電気信号を可視化して観察できるように作られた装置のことである．例えば，ある回路の出力電圧 $V(t)$ が時刻 t のとき，

$$V(t) = 3\sin(2\pi f t)\ [\text{V}] \qquad (f = 2\,\text{Hz})$$

で変化したとき，水平軸を時間軸として使用するとオシロスコープでは図 1 のように観察される．このように電子回路，電気回路だけでなく，自然界のさまざまな現象を圧電素子やフォトダイオードなどを用いて電気信号に変換することで観察できるため，オシロスコープは科学・技術分野で必要不可欠な測定手段となっている．

かつては，アナログ型のブラウン管オシロスコープ（昔のテレビと基本原理は同じ）が使われていたが，現在は，ほぼデジタルオシロスコープに置き換わっている．

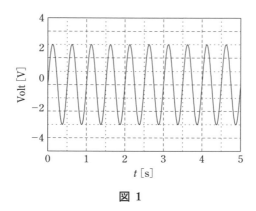

図 1

2-2 デジタルオシロスコープ

デジタルオシロスコープでは，入力されたアナログ信号を A/D コンバータでデジタル信号に変換して表示する．

ここでは，デジタルストレージオシロスコープと呼ばれるオシロスコープについて，ごく簡単化して説明する．

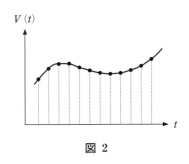

図 2

　実際の電気信号は連続的なアナログ信号である．これを，図2のように離散的な時間間隔で電気信号を読み取り（サンプルし），デジタル化する．各時間での電圧を，サンプルポイントという（図2の黒丸に対応）．また，1秒間あたりのサンプルポイント数をサンプリングレートといい，単位は，個数/sec. である．

　このようにして得られたデジタル信号がモニタに表示されて，信号の時間変化が観察されるのである．データ間が広く開いてしまった場合は，データとデータの間を滑らかにつなぐ補間を行って表示する機能もついていることが多い．

2-3　波形観測と水平軸掃引（sweep）

　図3のような信号が連続している信号系列（図4）の中から，ある時間範囲に入っている信号を観測することを考える．信号系列の中から図3のようにオシロスコープの画面に信号をちょうど表示させるためには，時間軸（横軸）の取り方を調整しなければならない．オシロスコープでは，表示する信号が始まる点と，そこからどのくらいの時間表示するかを指定する必要がある．概念図を図4に示す．全体の時間軸の中で，信号系列からちょうど見たい信号を切り取るように画面に表示させるには，主に2つの方法がある．1つは，何らかの方法で信号がスタートするタイミングを知って，その情報をオシロスコープに教えてやる方法である．このことを，トリガをかける，といい，この状態をトリガ・モード（または，ノーマルモード）という．

　もう1つは，図4の点線の箱を絶妙な速さで自動的に右側に動かしていく方法である．右側にタ

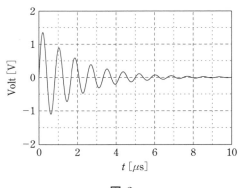

図 3

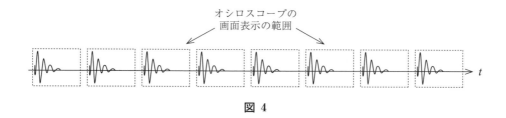

図 4

イミングを動かすことを掃引（sweep）といい，この状態をスイープ・モードという．実際には，オシロスコープ自身がある一定のタイミングでトリガを出していくモードである．このことから，オートトリガ・モードとも呼ばれる．

　参考までに，外部からトリガ信号を受けない限り測定を開始しない"トリガ待ち"の状態で，トリガが来たとき 1 回だけ波形表示をする形態で使用する場合，シングルモードという．

　今回は，操作が最も簡単なスイープ・モードで観測する．"sweep"という言葉は，もともとはアナログオシロスコープにおいて電子線を横軸方向に走らせる動作のことを指し，その名残でデジタルでも用いられている．

2-4　操作方法

　卓上のマニュアルを参考にする．また，プローブを「×10」で用いる事．

§3　実験課題の原理

3-1　CR 回路（微分回路）

　R の抵抗値を R，C の電気容量を C とする．図 5 の回路の AB 間に一定の電圧 V_0 を与えると

$$V_0 = \frac{q}{C} + Ri \tag{1}$$

この式を t で微分し，$i = \dfrac{\mathrm{d}q}{\mathrm{d}t}$ を用いると

$$R\frac{\mathrm{d}i}{\mathrm{d}t} + \frac{i}{C} = 0 \tag{2}$$

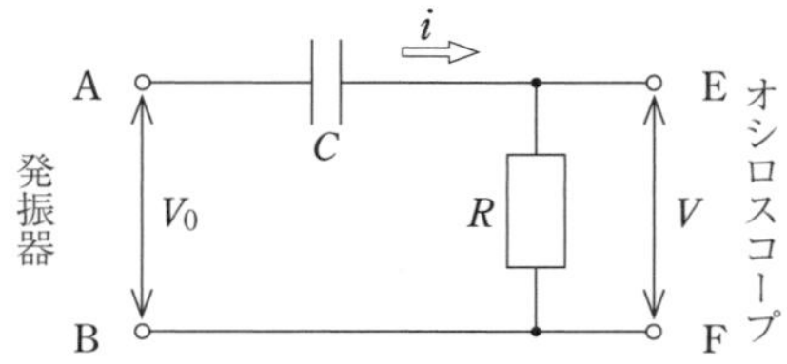

この微分方程式の解は $t = 0$ の電流を i_0 として

$$i = i_0 \mathrm{e}^{-\frac{t}{RC}} \tag{3}$$

したがって，EF 間の電圧 V は

$$V = iR = i_0 R \mathrm{e}^{-\frac{t}{RC}} = V_0 \mathrm{e}^{-\frac{t}{RC}} \tag{4}$$

この回路は微分回路と呼ばれ，$\tau = CR$ を時定数と呼ぶ．

　（4）式は V が V_0 から 0 に到達するまでの時間的変化を表している．このような 1 つの定常状態から他の定常状態に移るときに現れる現象を過渡現象という．

図 5

3-2 *RC* 回路（積分回路）

図 6 の回路の AB 間に一定の電圧 V_0 を与えると，回路を流れる電流 i は（3）式と同じ形である．EF 間の電圧 V は

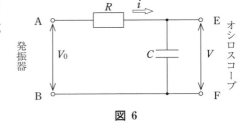

図 6

$$V = \frac{q}{C} = \frac{1}{C}\int i\, \mathrm{d}t = k - i_0 R\mathrm{e}^{-\frac{t}{RC}}$$

k は積分定数である．$t = 0$ のとき $V = 0$，したがって $i_0 R = V_0$ であることを考慮すると

$$V = V_0(1 - \mathrm{e}^{-\frac{t}{RC}}) \tag{5}$$

この回路は積分回路と呼ばれる．

3-3 *RLC* 回路

図 7 の回路において，コイルのインダクタンスを L とすると

$$V_0 = Ri + L\frac{\mathrm{d}i}{\mathrm{d}t} + V$$

$$i = C\frac{\mathrm{d}V}{\mathrm{d}t}$$

とおけるから

$$LC\frac{\mathrm{d}^2 V}{\mathrm{d}t^2} + RC\frac{\mathrm{d}V}{\mathrm{d}t} + V = V_0 \tag{6}$$

が成り立つ．この微分方程式の解を求めると，EF 間の電圧 V は

$$\frac{1}{LC} > \frac{R^2}{4L^2}$$

のとき減衰振動を行うことがわかる．この振動数は

$$f = \frac{1}{2\pi}\sqrt{\frac{1}{LC} - \frac{R^2}{4L^2}} \tag{7}$$

で与えられる．

V_0 の代わりに AB 間に正弦波 $V_\mathrm{m}\sin\omega t$ を与えると，（6）式は

$$LC\frac{\mathrm{d}^2 V}{\mathrm{d}t^2} + RC\frac{\mathrm{d}V}{\mathrm{d}t} + V = V_\mathrm{m}\sin\omega t \tag{8}$$

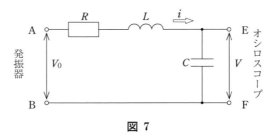

図 7

の形（強制振動）になる．周波数が

$$f_0 = \frac{1}{2\pi\sqrt{LC}} \tag{9}$$

のとき，共振を起こし，i が最大になる．

§4　実　験　器　具

4-1　使用器具

デジタルオシロスコープ　1台

発振器　　　　　　　　　1台

デジタル・マルチメーターおよび使用説明書

実験パネル

プローブ，発振器接続コード，リード線．

§5　実　験　方　法

準備　電圧波形の観察

§2 の 2-2 の原理に従って，発振器から出力される正弦波，方形波を画面上で実際に観察してみよう．

(1)　図8のように発振器の出力をオシロスコープにつなぎ，発振器のスイッチを入れる．このとき，接続コードは GND と表示してある方をアース端子につなぐ．

(2)　発振器の出力周波数を 500 Hz とし，出力レベルを −20 dB にセットする．

(3)　発振器の WAVE FORM を正弦波とし，正弦波が観測できることを確認する．見えないときはオートセットボタンを押す．次に，方形波に切り換えて（⌐_⌐ の波形）が観測できることを確認する．（p. 91，図4 を参照）

(4)　波形が左右に流れるときは，トリガレベルを調節して停止させる．波形の上下，左右の移動，拡大，縮小は各々のツマミを用いる．

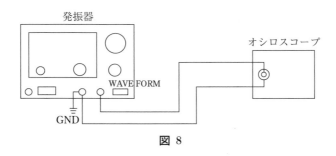

図 8

課題1　*CR* 回路（微分回路）の過渡現象観察

(1)　$C = 0.01\,\mu\mathrm{F}$，$R = 10\,\mathrm{k\Omega}$ をリード線でつなぎ実験パネル上に図5の微分回路をつくる．

(2)　発振器，実験パネル，オシロスコープを図9のように接続する．発振器の接続コードは GND と表示してある方をアース端子につなぐようにする．

(3)　発振器の出力を周波数 500 Hz の方形波にして画面上で図10の波形を観察する．

(4)　図10の a,b の値をカーソルを用いて読み取り，時定数 τ を求め，理論値 $\tau = C\cdot R$ と比較する．なお，b は図11のように，オシロスコープのツマミを回すことにより，波形を横軸方向にできるだけ拡大して，精度よく測定する．このとき，電圧の最大値 a が縦4マス又は6マスになるように発振器の出力を調節しておくと，b が測定しやすい．また，C および R はデジタル・マルチメーターを用いて測定する．

(5)　波形（図10）をプリンターで出力する．グラフに軸，目盛を必ず記入し，b に相当する部分を図中に明記すること（電圧の原点の取り方に注意）

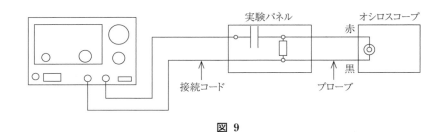

図 9

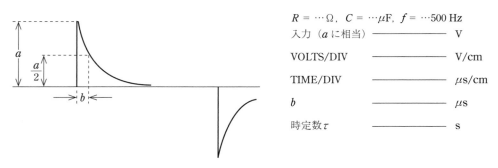

図 10　観察される波形の例

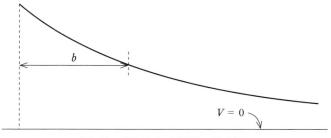

図 11　観察される波形の拡大図

振幅が $\dfrac{1}{2}$ になる時間を $b\,[\mathrm{s}]$ とすると（4）式より

$$\frac{a}{2} = a\mathrm{e}^{-\frac{b}{\tau}} \qquad \therefore \quad \tau = \frac{b}{\log_e 2}$$

これより時定数が求まる．

課題 2　RC 回路（積分回路）の過渡現象観察

（1）　実験パネル上に，課題 1 と同じ C, R を用いて図 6 の積分回路をつくり，500 Hz の方形波に
おける波形を観察し，プリンターで出力する（電圧の原点の取り方に注意）．

（2）　図 12 の a, b の値をカーソルを用いて読み取り，時定数を計算し，理論値と比較する．b は
上昇部分と下降部分で測定できるが，いずれか 1 つを横軸のみを拡大して精度よく測定する．

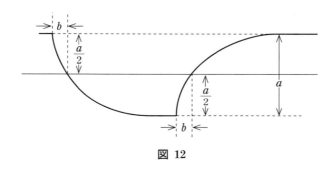

図 12

課題 3　減衰振動の観察

（1）　実験パネル上に図 7 の RLC 回路をつくる．$L = 10\,\mathrm{mH}$，$C = 250\,\mathrm{pF}$，R は可変抵抗を用
いる．発振器の出力減衰器を 0 dB に合わせておく．

（2）　V_0 として，3 kHz の方形波を与えたときの減衰振動を観察する．横軸方向に拡大すると（図
13）が得られる．図 13 について，可変抵抗を変化させて振幅が最も大きくなるときの波形をプ
リンターで出力する．

（3）　振動の振幅が最も大きくなるときと，振動しなくなるときの可変抵抗の抵抗値をデジタル・
マルチメーターで測る．

（4）　振動の振幅が最も大きいときの周期を読み取り，発振周波数を求める．この結果を（7）式の
理論値と比較する．

注意　可変抵抗の抵抗値を測るとき，可変抵抗につながれたリード線をはずして行うこと．

課題 4　共　振

（1）　課題 3 の接続のままで発振器の出力を正弦波とし，共振現象を観察する．可変抵抗を 1 kΩ
以下に固定し，発振器の周波数 f を 50 k〜200 kHz の間で変え，図 7 の EF 間に現れる電圧
$V_{\mathrm{p-p}}$ を読み取る．

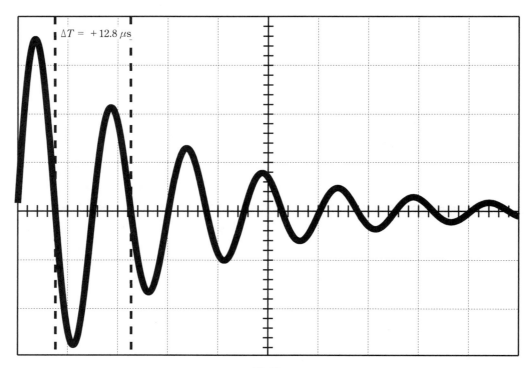

$\Delta T = +12.8\,\mu\mathrm{s}$

図 13

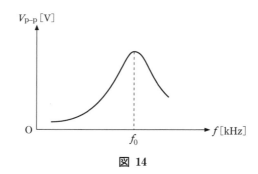

図 14

(2) その結果を図 14 のグラフに描き，共振周波数を求め，理論値と比較する．

§6 実験ノートとレポート

課題 1〜4 のグラフを作成し，微分，積分回路の時定数と減衰振動の周波数の実験値および理論値を計算する．レポートでは実験値と理論値を比較して考察する．

§7 質　問

(1) (6) 式の解を導け．

(2) オシロスコープにおけるトリガー機能とは何か．調べてみよ．

参　考

電気回路以外にも(6)式や(8)式の形の微分方程式で表される物理現象が多く存在する．たとえば，ばねに固定した質点に速さに比例する抵抗 $-2m\gamma\dfrac{\mathrm{d}x}{\mathrm{d}t}$ がはたらくときの運動方程式は，

$$m\frac{\mathrm{d}^2x}{\mathrm{d}t^2} = -kx - 2m\gamma\frac{\mathrm{d}x}{\mathrm{d}t}$$

で表される．このような力学系において，k や γ を変えて実験することは困難であるが，等価な電気回路に置き換えれば，R, C, L の値を変えることは容易なため，実験的な解析が可能になる．音響，液体，光学，熱伝導などの系についても，同様である．

10. 陰極線オシロスコープ

§1 目　的

　オシロスコープの原理と使用方法を理解し，電圧波形の観察，リサージュ図形の観察と発振器の目盛の校正，電圧感度の測定の課題を実習する．

§2 オシロスコープの原理

　「9. 陰極線オシロスコープ I ，§2 オシロスコープの原理」を参照．

§3 実験課題の原理

3-1 正弦波，方形波の観察

　「9. 陰極線オシロスコープ I ，§2 2-2 波形の観測」を参照．

3-2 リサージュ図形

　ブラウン管の垂直軸と水平軸にそれぞれ交流電圧を加えると，相互の波形，周波数，位相関係から，互いに垂直な方向に振動する2つの単振動の合成によってできるいろいろなリサージュ図形が観測される（図1）．直角方向における2つの単振動の合成は

$$\left.\begin{array}{l} x = A \cos\left(\omega_x t + \varphi_1\right) \\ y = B \cos\left(\omega_y t + \varphi_2\right) \end{array}\right\} \tag{1}$$

$$\text{ただし，} \omega_x = 2\pi f_x, \ \omega_y = 2\pi f_y \text{とする}$$

から同周期の場合，t を消去すればリサージュの図形を表す次式が得られる．一例として，$\omega_x = \omega_y$ の場合について，t を消去すれば次のようになる．

$$\frac{x^2}{A^2} + \frac{y^2}{B^2} - \frac{2xy}{AB}\cos\left(\varphi_2 - \varphi_1\right) = \sin^2\left(\varphi_2 - \varphi_1\right) \tag{2}$$

これは一般には $x = \pm A,\ y = \pm B$ なる矩形に内接する楕円を表す．

　$\omega_x : \omega_y$ が有理数ならば，（1）式によって作られるリサージュの曲線は周期的に元に戻る閉曲線となる．すなわち $A = B$ で $\omega_x : \omega_y$ が有理数をとる場合，（1）式で示される曲線を図示すると図1（a）のようになる．

　課題1の実験により垂直軸の周波数を f_y，水平軸の周波数を f_x とすれば，$\dfrac{f_y}{f_x}$ が整数比であれば図形は固定する．本実験では y 軸に発振器よりの出力電圧，x 軸に標準周波数 50 Hz の正弦波電圧を用いる．図形はその位相差に応じて図1（a）のように連続的，周期的に変わる．これを利用して周波数および位相が測定される．

(a)

f_y/f_x＼相位差 $(\varphi_2 - \varphi_1)$	0	$\pi/4$	$\pi/2$	$3\pi/4$	π
$\dfrac{1}{1}$					
$\dfrac{2}{1}$					
$\dfrac{2}{3}$					
$\dfrac{3}{2}$					
$\dfrac{3}{4}$					

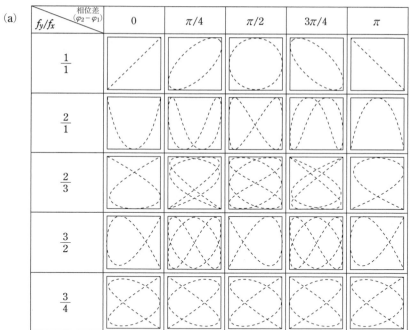

(b)

$$\frac{f_y}{f_x} = \frac{N_x}{N_y} = \frac{3}{2}$$

接点数 $N_x = 3$

接点数 $N_y = 2$

（位相差 0°）

（位相差 45°）

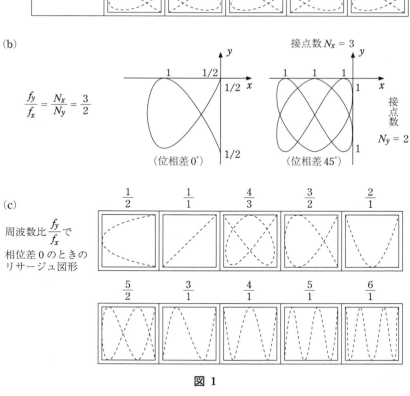

(c)

周波数比 $\dfrac{f_y}{f_x}$ で
相位差 0 のときの
リサージュ図形

$\dfrac{1}{2}$	$\dfrac{1}{1}$	$\dfrac{4}{3}$	$\dfrac{3}{2}$	$\dfrac{2}{1}$

$\dfrac{5}{2}$	$\dfrac{3}{1}$	$\dfrac{4}{1}$	$\dfrac{5}{1}$	$\dfrac{6}{1}$

図 1

$\dfrac{f_y}{f_x}$ が簡単な整数比（だいたい 10 以下）でないときは図形は複雑になり，写真判定によらなければならなくなる．また比がわずかでもずれると図形はくずれるから慎重に行うこと．

図1（b）において，水平の接線に曲線が接している数を N_x，同じく垂直の線に曲線が接している数を N_y とすればリサージュ図形から周波数を求める式は，

$$\frac{f_y}{f_x} = \frac{N_x}{N_y} \tag{3}$$

である．ただし，連続波数は $\dfrac{1}{2}$ と数える（図1（b）参照）．

図1（c）に，$\dfrac{f_y}{f_x}$ で位相差 0 のときのリサージュ図形を示した．

3-3 電圧感度

いま電子ビームの加速電圧を V，偏向板の電圧を E，偏向板の間隔を S，偏向板の長さを l，偏向板と蛍光面の距離を D とし $l \ll D$ の近似では，電子ビームが蛍光面に到達したところで生じる輝点は偏向板の電圧をかけないときの位置から（4）式で表される d だけ偏向する（各自図2を参照して試みよ）．

$$d = \frac{ElD}{2VS} \tag{4}$$

（4）式から $\dfrac{E}{d} = \dfrac{2VS}{lD}$ を得るが，これは輝点を単位の長さだけ偏向させるのに必要な電圧を表すもので電圧感度という．ここでは垂直増幅器を通した総合的な電圧感度を求める．

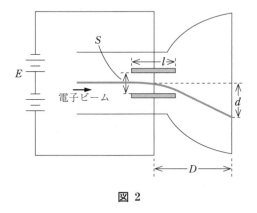

図 2

§ 4　実 験 器 具

a．低周波発振器（トリオ）……AG-202 A 型

b．オシロスコープ（日立）……V-225 型

c．周波数計（20.0 〜 199.9 Hz YEW）……共通

d． 直流電圧計（3/10/30/100/300 V　1級）

e． 電池（1.5 V）……課題（3）に使用

f． トランス（出力 1.3 V）……課題（2）に使用

g． リード線　数本

§5　実　験　方　法

課題1　正弦波，方形波の測定

オシロスコープの背面にある電源コードを AC 電源に接続する．次に，㉖ のツマミを X–Y に，⑲，㉙ を中央の位置にセットして ① のスイッチを入れる．約 30 秒で輝点が現れる．ツマミ ⑥ を調整して輝点を必要以上に明るくしないこと．③ のツマミにより輝点が鮮明になるように調整する．

次に図3のように ⑩ の端子を発振器の ④（アース），⑤（output）に接続する．㉑ ならびに ㉜ を CH 2 とする．発振器周波数を 500 Hz 正弦波として電源を入れる．すなわち，発振器の ⑦ のツマミを ×10 にセットし，⑨ のツマミで発振周波数を 50 に調節し，WAVE FORM を正弦波の位置にセットし，③ を −20 dB にセットし，⑧ のツマミを中央にセットして，② のスイッチを押すと電源が入ることを示す ① のランプが点灯する．

オシロスコープの ㉖ のツマミは 0.5 ms/DIV の位置にセットする．また発振器からの周波数に対して 50 ms 〜 1μs/DIV の間で用いよ．

500 Hz における図4（a），（b）のような正弦波と方形波の波形を方眼紙に記録する．画面の1目

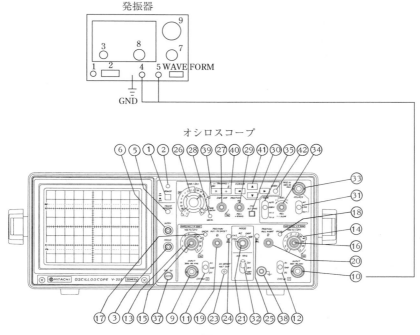

図 3

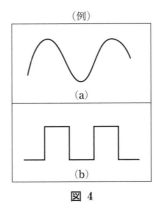

図 4

盛を方眼紙の1cmに対応させる．また，周期と振幅を測定して記録する．測定条件として周波数とVOLTS/DIV，TIME/DIVの設定値を記録しておく．

課題2　リサージュ図形による発振器の周波数目盛の校正

　課題1の実験のときと同様，図5のように接続し，オシロスコープのツマミ㉖はX-Yにし，発振器のツマミは課題1と同じにする．次にオシロスコープ → 発振器 → トランスの順で電源スイッチをONにする．図5は約500Hzまでの低い周波数を補正するときの接続法を示すもので，垂直軸に低周波発振器より出力を加える．水平軸には電源周波数50Hzの交流を加え，標準周波数

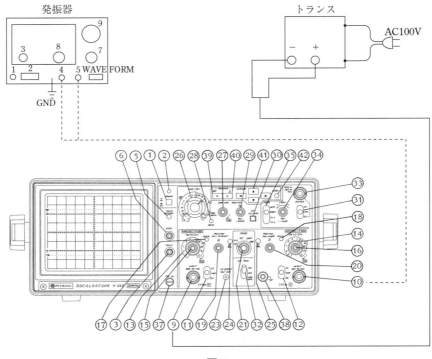

図 5

として使用する.

つぎに，⑬，⑭のツマミと発振器の周波数（正弦波）を変えてリサージュ図形を観察せよ．ただし，標準周波数は標準周波数計（ディジタルパネルメーター（Hz））を読む.

f_x の 50 Hz を標準として，その $\frac{1}{2}$，$\frac{1}{1}$，$\frac{4}{3}$，$\frac{3}{2}$，$\frac{2}{1}$，$\frac{5}{2}$，$\frac{3}{1}$，$\frac{4}{1}$，$\frac{5}{1}$，$\frac{6}{1}$ 倍の周波数（これを校正周波数とする）についてリサージュ図形（図1(c)を参照せよ）をつくり，そのときの発振器の周波数の読みを記録すること．たとえば，$\frac{1}{2}$ のとき，図1(c)の $\frac{1}{2}$ のリサージュ図形になるように発振器の ⑨ ツマミでゆっくり微調整する．このときの発振器の周波数の目盛を読む．これらのデータから両対数方眼紙を用いて，横軸に発振器の周波数目盛，縦軸に 50 Hz を標準とした校正周波数を目盛り，図6に対応するグラフを作成する（両対数グラフ用紙は，授業中に配布する）.

実験終了後，トランスと発振器と周波数計（ディジタルパネルメーター（Hz））の電源スイッチを切ること．オシロスコープの電源はそのまま.

例)	f_y/f_x	標準周波数 [Hz]	校正周波数 [Hz]	発振器の周波数の目盛 [Hz]
	1/2	50.0	25.0	26.5
	1/1	50.0	50.0	51.0
	4/3	50.0	66.7	69.0
	3/2	・	・	・
	2/1	・	・	・
	5/2	・	・	・
	3/1	・	・	・
	4/1	・	・	・
	5/1	・	・	・
	6/1	・	・	・

課題3　電圧感度の測定

実験はオシロスコープの垂直軸に可変式電池ボックスから DC 電圧を加え，蛍光面上の輝線の振れを入力電圧を変えて測定する.

オシロスコープのツマミは ㉑，㉜ を CH 2，⑫ を DC とし，⑯ を 0.5 volt/DIV にセットする．㉖ が X–Y の位置のときは画面に輝点が現れるので，0.2 ms/DIV にして輝線にする.

オシロスコープに電池ボックスを接続して，そのツマミを回すと入力電圧 V [V] が与えられて，輝線が上昇する．その変化量（ふれ）d [cm] をカーソルを使って読み取る．カーソルの（×）を $V = 0$ の輝線に合わせておき，（＋）を上昇した輝線に合わせると，2つの指標の差が d であり，画面左上の ΔV [div] の値として表示される．div は目盛の意味で，このオシロスコープの場合，1 div = 1 cm である．入力電圧 V [V] は電池ボックスの出力端子に DC 電圧計を並列に接続

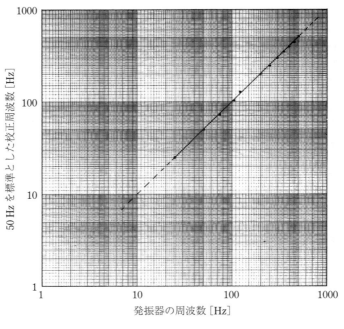

図 6

して測定する．

　このように V と d の関係を調べ，電圧感度 $\dfrac{V}{d}$ を求める．この関係は画面の広い範囲で調べたいので，図8のように画面の下から 1 cm の位置より始めるとよい．また ⑯ が 0.5 volt/DIV にセ

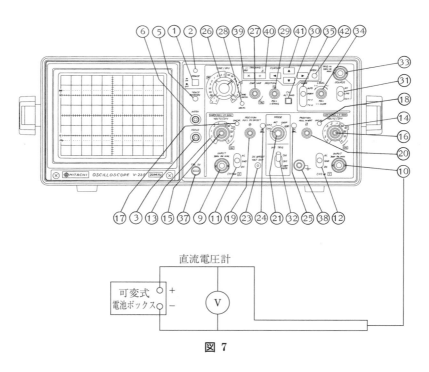

図 7

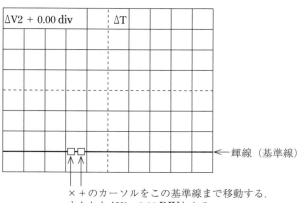

×＋のカーソルをこの基準線まで移動する．
すなわち ΔV2＋0.00 DIVとなる．

図 8

ットしてあれば，$\dfrac{V}{d} = 0.5\,\text{V/cm}$ になるはずである．これを確かめ，⑯ のセット値をノートに記録しておく．

　これらの記録は例のような表を作成し，図 9 のグラフを描け．

例)	入力電圧（電圧計の読み）[V]	振　れ（ΔV2 の値）[cm]	電圧感度$\left(\dfrac{入力電圧}{振れ}\right)$[V/cm]
	0.0	0.0	
	0.2	0.40	0.500
	0.4	0.80	0.500
	0.6	1.20	0.500
	0.8	1.60	0.500
	1.0	2.00	0.500
	1.2	2.44	0.492
	1.4	2.84	0.493
	1.6	3.24	0.494
	1.8	3.64	0.495
	2.0	4.04	0.495
	2.2	4.40	0.500
	2.4	4.88	0.492
	2.6	5.28	0.492
	2.8	5.68	0.493

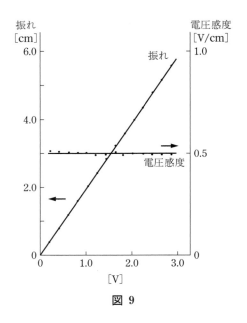

図 9

§5 実験ノート

課題 1, 2, 3 の結果をグラフにして整理せよ(その際, 測定条件は必ず書くこと).

レポートでは, 課題 1, 2, 3 をまとめて提出のこと. 2 については次の図を作成して (i) と (ii) との比較を行うこと.

(i) 実線は, 図 6 の実験曲線を作成

(ii) 点線は, 横軸, 縦軸ともに校正周波数をとったときの曲線を作成

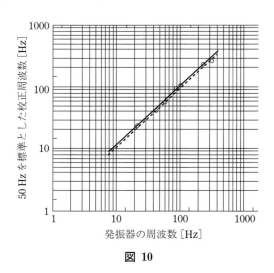

図 10

§6 質 問

(1) p. 88 の (2) 式を導き出してみよ.

(2) 互いに垂直な 2 方向の単振動

$$\left.\begin{array}{l} x = A \cos\left(\omega_x t + \alpha\right) \\ y = B \cos\left(\omega_y t + \beta\right) \end{array}\right\}$$ からリサージュの図形が直線となるときの条件を求めよ.

11. 光 電 管

§1 目　的
　光電管の特性を調べ，光電管における物理的な現象を理解する．

§2 原　理
　金属または金属酸化物の表面に光をあてると，その表面から電子がとび出す現象を光電効果* という．このとび出す電子のことを特に光電子と呼んでいる．光電管はその現象を利用した一種の二極管である．たとえば図1に示すような回路において，光電管の陰極 K に光をあてると，K から光電子がとび出し，その電子は陽極 P にひきつけられる．いま陽極電圧 V をある一定以上の大きさにし，また光電管内を真空にしておけば，単位時間あたり K からとび出す光電子数 N と陽極電流（光電流）I_{P} との間には

$$I_{\mathrm{P}} = eN \tag{1}$$

の関係がある．ここで e は電気素量である．N は K にあてる光の強さに比例し，また光の波長，K の材質によっても異なるが，V に依存しない．したがって，I_{P} は一定以上の大きさの V では V によらないことがわかる．このように光電管内が真空になっているものを「真空型」光電管と呼んでいる．これに対して，管内に 0.1 Torr（1 Torr = 1 mmHg）程度のアルゴン，ヘリウムなどの不活性ガスを封入した「ガス入り型」光電管がある．ガス入りの場合，光電子が気体と衝突して気体を電離させるので，光電子による電流の他に電離電流が加わり，真空型に比べて感度が 5 ～ 10 倍程度よくなる．しかし，陽極電流 I_{P} は V にも依存するようになる．

　この実験では真空管およびガス入り型光電管の各々について陽極電圧──電流，および光の強度

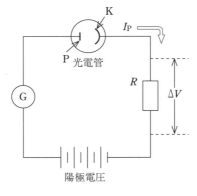

図 1

---

*光電効果を実験的に詳しく調べたのがレナード（Lenard）である．アインシュタイン（Einstein）は彼の実験事実をもとにして，1905 年に光の粒子（光電子または光子）説を発表した．光電効果について十分復習しておくこと．

——陽極電流特性を調べる.

§3 実 験 器 具

　光電管〔真空型（50 V），ガス入り型（50 G），各 1 個；陰極材料は主に Ag-O-C$_3$（名称 S1）；ガス入り型はアルゴンガスが封入されている〕，直流増幅器，$0 \sim 100\ \mu$A 電流計，電圧計，陽極電圧用電源，光源用ランプ（20 W 電球），尺度付光学ベンチ，暗箱.

　器具の配置および配電の略図を図 2 に示す.

　注意：陽極電流 I_P は高々 $10\ \mu$A であるが，図 1 に示すように検流計（または微小電流計）G を用いて直接測定することができる. しかし，ここでは図 1 に示した ΔV を直流増幅器で増幅し，その増幅電流 I_a を電流計で読み取るようにしてある. I_P と I_a が比例するように増幅器がつくられてあるから，

$$I_a = \alpha \cdot I_P \tag{2}$$

で表すことができる. 比例定数 α を増幅率という.

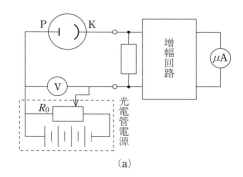

(a)

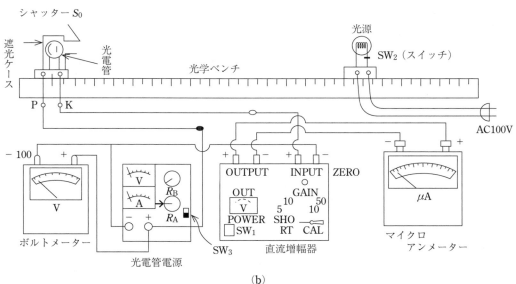

(b)

図 2

§4 実 験 方 法

真空型光電管を遮光ケース内のソケットにさしこみ，また，各器具を図2に示したように配線する．光電管陽極電圧 V がゼロになっていること（ボリウム R_B を ↻ いっぱいに回しておく），また光電管遮光ケースシャッター S_0 が閉じてあることを確認してから次の操作を行う．

(1) 増幅器の POWER スイッチ（SW_1）を入れる．増幅器が安定するまで 10 ～ 15 分程度の時間が経過してから GAIN ツマミを SHORT にし，次に ZERO のツマミを回して増幅器の V メーターの針を 0 に合わせる．

(2) 次に CAL に合わせ，そのとき増幅器の V メーターの針がいっぱいに触れることを確認する．

(3) 続いて 100 に合わせ μA メーターの針が 0 になっているかを確認し，もし 0 でないときは ZERO のツマミを回して μA の針を 0 に合わせる．

(4) 増幅幅は GAIN 5, 10, 50, 100 倍のうちどれか 1 つを選ぶこと．

(5) 光電管電源の SW_3 を入れる．約 3 分後，ボリウム R_A を回して矢印にセットし，実験中は動かさないこと．次にボリウム R_B を回してボルトメーター V のふれを 60 ～ 70 V 程度にする．このとき μA がわずかにふれることがあるが，この値をメモしておくこと．その電流を暗電流という．なおこの状態で，μA が異常に大きくふれるときは教員に申し出ること．

(6) 光源を光電管からできるだけ遠ざけて光源スイッチ SW_2 を入れる．遮光ケースシャッター S_0 を開けると μA がふれる．このふれが I_a である．

(7) すべての実験終了したら GAIN ツマミを SHORT に戻してから POWER スイッチを切ること．

これで測定準備ができた．なおこの実験にさいしては p. 101 の ＊注意事項をよく読んでおくこと．

4-1 陽極電圧‐電流特性

光電管と光源との間の距離 r を適当に選んで固定する．R_B を回して電圧 V を変えたときの μA のふれを測定する．測定例を図3に示す．距離 r は 2 種類とればよい．

直流増幅器には増幅率（GAIN）α の値が示してあるから μA の読み I_a を（2）式より I_P に換算

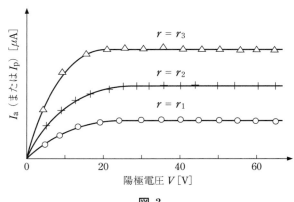

図 3

すること．

＊注意事項

●電流計 μA に過電流（100 μA 以上）を流さないために，測定時以外は遮光ケースシャッター S_0 を閉じ，また陽極電圧電源のボリウム R_B を $\circlearrowleft$ へいっぱいに回す．実験終了のときも，このことは忘れずに実行すること．なお増幅器の電源スイッチは実験が完了するまで切る必要はない．

●電圧 V を大きくするとき，また光源を近づけたりするときは，必ず μA を監視しながらゆっくり操作すること．

●測定のさい，暗箱を閉めておくこと．

4-2 光の強度 - 陽極電流特性

陽極電圧 V を一定に保って，距離 r を変えたときの μA のふれ I_a を測定する．測定例を図4（a）に示す．

この特性曲線を得るには次のように整理すればよい．すなわち陽極電流 I_P は 4-1）と同様にして求める．また点光源から距離 r の点における光の強度 I は

$$I \propto \frac{1}{r^2} \tag{3}$$

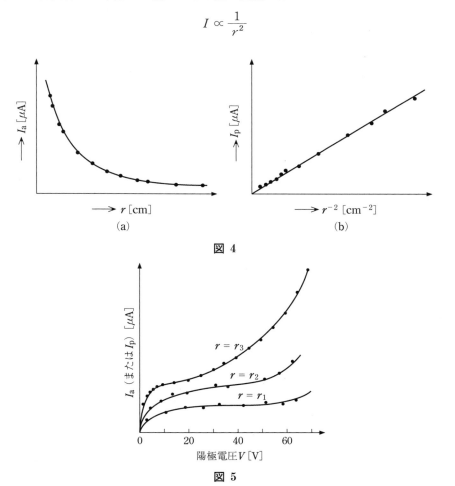

(a)   (b)

図 4

図 5

となることが知られているので，実験で得られた結果を I_P-r^{-2} にしてグラフに示せば，図 4（b）のように直線となる（真空型光電管の場合，光の強度 I と光電流 I_P は比例する）．すなわち，これが光の強度——陽極電流特性曲線である．

　測定が終ったら，陽極電圧電源のボリウムを $\circlearrowleft$ いっぱいに回し切る．真空型光電管をガス入り型光電管に交換する．操作⑤，⑥を繰り返し，真空型の場合と同様に測定せよ．ただし，μA のふれは，ガス入りの型の場合，真空型に比べて 5〜10 倍程度大きいので，測定にさいしては十分注意せよ．

　陽極電圧 – 電流特性曲線の測定例を図 5 に示しておく．距離 r は 2 種類とればよい．

§5　測定値の整理

　実験で得られた結果をグラフにプロットせよ（データをとりながらグラフを描くよう努めよ）．真空型，ガス入り型の両者について図 3，図 4（a），図 4（b），図 5 に対応するものを作れ．

§6　質　問

(1)　振動数 ν の光をあてると，そこからとび出す光電子のもつ最大エネルギー $E_{\max}$ は

$$E_{\max} = h\nu - W$$

で与えられる．ここで h はプランク定数（$h = 6.626 \times 10^{-34}$ J·s）で，また W は仕事関数と呼ばれているものである．いま，Cs 金属（仕事関数 $W = 1.9$ eV，1 eV $= 1.60 \times 10^{-19}$ J，Cs は光電管陰極材料に用いられている）の表面に光をあてたとき，これから光電子がとだすための最大波長 $\lambda_{\max}$ はいくらか．また実験に用いた電源（20 W 電球）から，$\lambda_{\max}$ より小さい波長の光が出ているかを検討せよ．

(2)　真空型光電管において，陽極電流（光電流）は陽極電圧によらず一定（図 3）であり，また光の強度に比例 [図 4（b）] する．これらの理由を考えよ．

(3)　図 3 と図 5 を比較してみよ．すなわち，陽極電圧 15〜25 V よりも大きいところで，両図が異なっている．すなわち，この程度の値の電圧でガス入り型光電管内の気体（アルゴン）が電離しはじめるものと考えてよい．アルゴンの電離エネルギーをつぎのヒントを参照して求めよ．

ヒント：気体分子は電子との衝突によって，束縛電子 1 個またはそれ以上取り去られ，正のイオンにかわる．この過程を衝突電離という．いま分子から束縛電子 1 個取り去るためには，ある仕事が必要である．この仕事を電離エネルギーという．したがって，このエネルギーよりも大きい運動エネルギーをもつ電子が気体分子に衝突すれば，それを電離させることができる．この問題の解答には，光電子が陰極面からとび出すときの運動エネルギーは小さく無視できるものとし，陽極電圧 V によって加速されて得た電子の運動エネルギーのみを考慮すればよいものとする．

12. レーザーを使った偏光の実験

§1 目　的

　レーザーを種々の面に応用するとき，レーザー光の偏光特性を問題にすることが多い．そこで偏光の表し方，偏光子，波長板などについて理解し，これを用いた簡単な実験を行う．

　実験の課題は，直線偏光した光（レーザー光）をガラス表面に入射させ，その反射率を入射角の関数として測定し，理論から予想される結果と比較することである．

§2 偏　光

　光は電磁波であり，その伝播は，空間での電場と磁場の変化によって起こる．図1のように，電場と磁場の方向は互いに直角で，またともに波の伝播方向とも直角になっている．この形の波は，電場が一平面内に限られているので，平面にかたよった波であるという．磁場もまた，電場のかたよっている面に垂直一平面内に限られている．偏光とはその振動に「かたより」のある光のことである．一般に偏光は電場の振動方向と強さを示すベクトルで表されるのが普通で，磁場の振動では表さない．図2に「かたより」の例を示す．光の電場ベクトルが描く軌跡は，光の伝播方向に相対して（z 軸上遠方から光源に向かって）見たとき，これらの曲線を x-y 面へ投影すると，一般には楕円，特別な場合に円，直線になる．これらはそれぞれ，楕円偏光，円偏光，および直線偏光という．自然光は「かたより」がない．図3にいくつかの偏光の例を示す．

　偏光を表すのに楕円を使うと，便利である．というのは，直線偏光も円偏光も楕円偏光の特別の

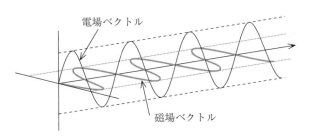

図 1　平面に偏った電磁波の表示

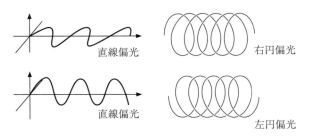

図 2　偏光の状態

自然光　　　直線偏光　　　直線偏光　　右まわり　　　右まわり　　　左まわり　　左まわり
　　　　　　　　　　　　　　　　　　だ円偏光　　　円偏光　　　　円偏光　　　だ円偏光

図 3　偏光の種類

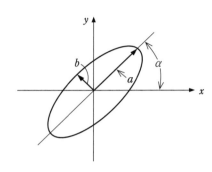

図 4　楕円偏光

場合であると考えることができるからである．たとえば図4に示すような楕円偏光を考えた場合，短半径 b と長半径 a の比 b/a を楕円率と呼び，長軸と x 軸のなす角を方位角 α と呼ぶと，水平偏光は，楕円率がゼロで方位角がゼロの楕円偏光と呼ぶことができる．同様に円偏光は，楕円率が1である楕円偏光ともいえる．

§3　偏光の反射

　レーザー光線のような単色光が，水面やガラス面などに斜めに入射するとき，反射光は部分的に直線偏光になる．この場合，図5のように入射面に垂直な振動方向の成分が多い．屈折光もまた部分的に直線偏光になっているが，入射面に平行な振動方向の成分が多い．また屈折光は反射光よりも偏光の度合が小さい．これらの現象は偏光による反射率のちがいによって理解できる．

　いま，図6のように入射角を θ_1，屈折角を θ_2，屈折率を n とすれば，θ_1 と θ_2 との間にはスネルの法則

$$n = \frac{\sin \theta_1}{\sin \theta_2} \tag{1}$$

が成り立つ．直線偏光を入射するとき，振動方向を入射面に垂直にしたときの反射率を R_S，入射面に平行にしたときの反射率 R_P で表すと

$$R_\mathrm{P} = \frac{\tan^2 (\theta_1 - \theta_2)}{\tan^2 (\theta_1 + \theta_2)} \tag{2}$$

$$R_\mathrm{S} = \frac{\sin^2 (\theta_1 - \theta_2)}{\sin^2 (\theta_1 + \theta_2)} \tag{3}$$

の関係がある．（2），（3）式はフレネルの方程式と呼ばれる．反射率 R_S と R_P について，グラフを

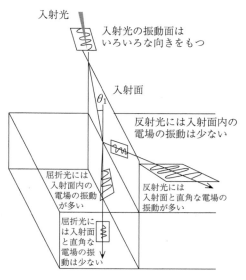

入射光

入射光の振動面は
いろいろな向きをもつ

入射面

θ_1

反射光には入射面内の
電場の振動は少ない

屈折光には
入射面内の
電場の振動
が多い

反射光には
入射面と直角な電場の
振動が多い

屈折光に
は入射面
と直角な
電場の振
動は少な
い

図5 反射光・屈折光の偏光

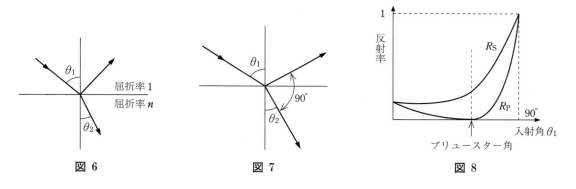

屈折率1
屈折率n

θ_1

θ_2

図6

θ_1

90°

θ_2

図7

反射率

1

R_S

R_P

90°

入射角 θ_1

ブリュースター角

図8

描くと図8に示すようになる．この図から分かるように，反射光は垂直偏光成分を多く含む．これが図5で示した反射光と屈折光の偏光成分の大小関係の理由である．

入射光が境界面に垂直に入射するとき（$\theta_1 = 0°$）の反射率 R は

$$R = R_S = R_P = \frac{(n-1)^2}{(n+1)^2} \tag{4}$$

となる．境界面にすれすれに入射の場合（$\theta_1 = 90°$）には $R_S = R_P = 1$ となる．偏光方向が入射面に平行の場合に $\theta_1 = \tan^{-1}n\,(\tan\theta_1 = n)$ が満足されるところで，反射光と屈折光との間の角（$\theta_1 + \theta_2$）は図7のように 90° になり，反射光を生じない（$R_P = 0$）．このときの入射角 θ_1 をブリュースター角または，偏光角とよんでいる．

§ 4 実験方法および課題

実験をする上での注意

　眼に入る光線のエネルギーが十分大きいと，網膜が局部的に熱せられて組織が破壊される恐れがある．また，より高いエネルギーでは，角膜，虹彩，水晶体，そして眼球それ自身に損傷を引き起こし，失明に至る可能性がある．He-Ne レーザーは一般に 632.8 nm の波長で動作するが，この波長から長波長側にも短波長側にも放出が起こっている．網膜に損傷を与える波長の幅は，400 nm ～ 1400 nm で，570 nm のときに最大となる．本実験で使用する He-Ne レーザーは出力が 1 mW と極めて弱い実験用であるので誤って目に入っても短時間ならば問題はないが，安全のため，次のことを厳守すること．
(1)　どのような状況下であってもレーザー光線を直接見てはならない．
(2)　鏡，ガラス，金属面などからの反射光にも注意し，直接見つめないようにすること．

4-1　光軸の調整

　本実験で光源としてい用いるレーザーは，He-Ne レーザーで，出力 1 mW の直線偏光型である．光センサーとしては，シリコンフォトダイオード（浜松フォトニクス製，S 875-66 R）を用いる．
(1)　図 9 のようにレーザー，偏光子，光センサーを鉄板の上に配置し，偏光子，光センサー付き回転台のレバーを倒してマグネットによってしっかり固定する．このとき，レーザービームが回転台の回転軸の真上を通るような配置になっていることを確認する．ここで，プリズムへの入射角を 90°にした時，プリズムの入射面にまっすぐなレーザー光の直線が入るようにする．
(2)　レーザー光が偏光子のほぼ中央を通り，光センサーの入口の穴の真中にすっぽり入るように光軸を調整する．このとき，光センサーの入った円筒容器の軸が光軸と一致するように調整する．

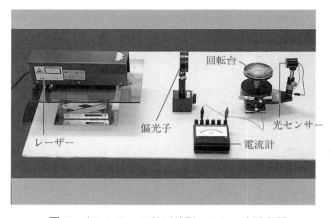

図 9　光センサーの較正確認のときの実験配置

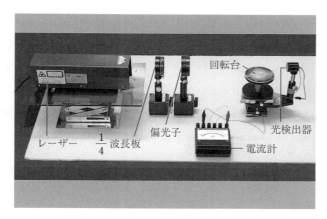

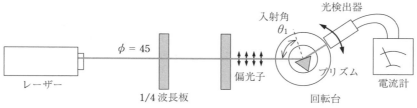

図 10 反射率の測定

（3） プリズムを図10のように，回転台の回転軸上に反射面（なめらかな面）がくるように置く．レーザー光がちょうど回転軸上で，プリズムに入射するように回転台全体の位置を合わせる．台を回転させて入射角を変え，光センサーを反射光が入口に入るような位置まで移動させてみたとき，反射光が光センサーの入口から外れないことを確認する．

4-2　光センサーの較正確認

（1） 偏光子を光軸のまわりに回転させてみると，偏光子を通過した光の強さが変化することが電流計のふれからわかる．この電流計のふれが最も小さくなる偏光子の位置を捜し，そのときの偏光子の角度の読みを $\theta = 90°$ とする（あるいはレーザー光を白い紙で受け，目視でレーザー光のスポットが最も暗くなるような偏光子の位置を捜してもよい）．

> **注意**
>
> このようにして θ の原点を決めるに際して，透過光の強さは（したがって流れる電流の大きさも）$\theta = 90°$ に対して対称であることに注意せよ．たとえば，$\theta = 90° \pm 10°$ にして電流値が同じになるか確かめよ．もし，測定精度以上の違いがあれば，$\theta = 90°$ の位置がずれている可能性があるので，再度上の操作をやり直して $\theta = 90°$ の位置を決め直せ．
>
> $\theta = 90°$ の位置が決まったら，そこから偏光子を $90°$ 回転させれば，その位置が $\theta = 0°$ である．

(2) 光の強さは振幅の2乗に比例するので，偏光子を通った光の強さは $\cos^2 \theta$ に比例する．ここではこのことを利用して，得られたデータより光センサーの較正曲線をつくる．偏光子の透過軸の方向を表す角度 θ を $0°$ から $180°$ にわたって $10°$〜$15°$ おきに変え，光センサーのフォトダイオードを流れる電流値を読む．θ，$\cos^2 \theta$（電卓で計算する），電流値という表（§8 測定値の整理，参照）をつくると同時に，グラフ用紙を用意し，横軸に相対的な光の強さ $\cos^2 \theta$，縦軸に電流値をとって，その場でデータをグラフにプロットせよ（$\theta = 0°$〜$180°$ のデータすべてをプロットすること）．

4-3 偏光の反射率の測定

次にレーザーと偏光子の間に 1/4 波長板（$\lambda/4$ 板）を挿入する（図10）．まず，$\lambda/4$ 板の速い軸の方向を表す角度 ϕ の原点（$0°$）を決める．$\lambda/4$ 板と偏光子との<u>両方を</u>光軸のまわりに回してみて，電流計のふれが最も小さくなるような（ほぼ $0\,\mu A$ あるいは，白い紙を光センサーの前に置いて，レーザー光のスポットの明るさが目で見て，最も暗くなるような）$\lambda/4$ 板と偏光子の位置を捜し，そのときの $\lambda/4$ 板の角度の読みを $\phi = 0°$ とする．

(1) 準備：偏光子への入射光を円偏光にする．

$\phi = 0°$ の状態から $\lambda/4$ 板を $45°$ 回転させ，偏光子に入るところで，ほぼ円偏光になっているようにする．偏光子に入るところで，ほぼ円偏光になっていれば，偏光子を光軸のまわりに回転しても光の強さはほとんど変化しないはずである．偏光子を回転して光の強さがほとんど変化しないことを目視で確かめよ．以後，$\lambda/4$ 板は動かさない．

(2) 準備：入射角 $0°$ を決める．

まず白い紙を用意して，反射光のスポットをとらえる．台を回転すると入射角が変わり，反射光のスポットもレーザー本体に向かって前後（入射角が小さくなる方，および大きくなる方）に移動するのがわかる．紙上に反射光のスポットをとらえ，スポットが前方へ移動するように（つまり，入射角が小さくなるように）台を回転させていき，反射光のスポットが，入射光の明るいスポットと重なるところが，入射角 $0°$ の位置である．このときの回転台の角度の指示値を記録し，これを入射角 $\theta_1 = 0°$ とする．

(3) 準備：プリズム面に入射するレーザー光を水平偏光にする．

正確に水平偏光（P偏光：電場ベクトルの振動方向が入射面に平行）になっているなら，回転台を回していくと $\theta_1 = 0°$ と $90°$ の間で，反射光がなくなるところ（ブリュースター角）があるはずである．まず，(2)のときのように白い紙を用意して，反射光のスポットをとらえる．入射角がほぼ $50°$ くらいの状態にして，偏光子を光軸のまわりに回転し，反射光のスポットが，弱くなる位置を捜す．つぎにその状態で，回転台を前後に少し回して反射光のスポットがさらに弱くなるところを捜す．再び偏光子を回転させて反射光のスポットがさらに弱くなるようにする．また回転台を前後に少し回して反射光のスポットがより弱くなる位置を捜す．このような操作を

繰り返して，反射光の強さが最も小さくなったとき，入射光はP偏光の状態になっており，入射角はブリュースター角に等しくなっている．

（4）　このときの回転台の位置を測定する．入射角 $\theta_1 = 0°$ の位置は先ほど記録してあるから差をとれば，ブリュースター角を測定したことになる．ブリュースター角の測定値を記録する．

（5）　θ_1 を測定可能な最小角度（10°ないし15°）から90°に近い角度（80°くらい）まで5°おきに変えながら，光センサーを回してP偏光の反射光のスポットを光センサーに入れ，反射光の強さを電流計で測定する．測定する反射光は光センサーの入口の中央に正確に当てること．

（6）　ここまでが終わったら，プリズムを取り外して，偏光子からのレーザー光を直接光センサーに入れることによって，プリズム面への入射光の強さを電流計で測定する（これを忘れると，反射率が決定できない）．

（7）　次にプリズム面に入射するレーザー光を垂直偏光（S偏光；電場ベクトルの振動方向は入射面に垂直）にする．そのためにはこれまでの偏光子の向きを正確に90°回転するだけでよい．

（8）　（5）と同様に θ_1 を変えて垂直偏光の反射光の強さを測定せよ．（6）の入射光の強さの測定も忘れないこと．

課　題

　測定した電流値は 4-2 で作った較正直線によって，光の強さに比例していることがわかる．反射光の電流値を I_{θ_1}，入射光の電流値を I_0 とすれば，反射率 $R_{P\theta_1}$ は $R_{P\theta_1} = I_{\theta_1}/I_0$〔（反射光の強さ）/（入射光の強さ）〕である．両偏光に対する反射率 $R_{P\theta_1}$ と $R_{S\theta_1}$（実験値）を θ_1 の関数としてグラフに表せ．また，測定を行った入射角における反射率（理論値）を 104 頁の (2), (3) 式より計算によって求め，それらをなめらかな線で結んで理論曲線を描き，実験で求めた反射率（実験値）と比較せよ．

§5　測定値の整理

4-2 の光センサーの較正には以下のような表を作ると便利である．

θ〔度〕	$\cos^2\theta$	電流値〔μA〕
0	1.000	350
10	0.970	335
⋮	⋮	⋮
90	0	0.05
⋮	⋮	⋮
180	1.000	345

図 11 に光検出器の較正曲線のグラフの例を示す．

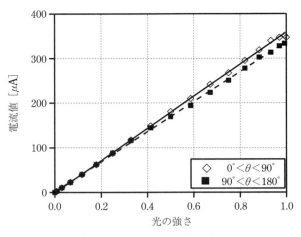

図 11 光センサーの較正曲線

4-3 の偏光の反射率の測定では，P 偏光，S 偏光のそれぞれについて以下のような表を作るとよい．

θ_1 [度]	電流値 [μA]	反射率 （測定値）	スネルの法則 から算出した 屈折角 θ_2	反射率 （理論値）
10	6.9		6.74	0.036
15	6.6		‥	‥
20	6.1		‥	‥
‥	‥	‥	‥	‥
‥	‥	‥	‥	‥
85	106.7		36.73	0.4806
入射光	254.2	—	—	—

図 12 に P 偏光（水平偏光）の場合の反射率の測定結果のグラフを例として示す．

実験ノートとレポート

　実験ノートでは，全員が 4-2 の光検出器の較正曲線のグラフと，4-3 で求めた光検出器の出力電流を較正曲線で光の強さに変換して求めた反射率と入射角 θ_1 との関係をプロットしたグラフを仕上げよ．また，ブリュースター角からガラスの屈折率 n を求め，p.104 の $\theta_1 = 0°$ のときの反射率 R を計算し，グラフ上にプロットせよ．

　レポートでは，反射率の理論式 (2)，(3) を計算し，それぞれのグラフに書き込み，理論値と実験値との関係について考察せよ．

　(2)，(3) 式を用いて理論値を計算する際には屈折角 θ_2 と屈折率 n が必要になる．n は上で求めたものを用いる．θ_2 についてはスネルの法則 $n = \dfrac{\sin \theta_1}{\sin \theta_2}$ を用いて個々の入射角 θ_1 に対する屈折角 θ_2 を計算で求めよ．

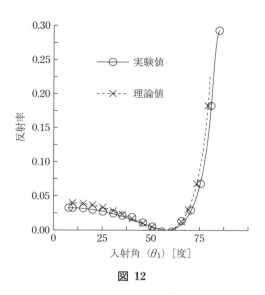

図 12

§6 質 問

(1) 光検出器（シリコンフォトダイオード）の原理について調べよ．感度波長範囲や，放射感度は
どのくらいだろうか．

(2) θ_1 がブリュースター角のとき，$n = \tan\theta_1$ が成立することを示せ．

(3) （4）式を示せ．

§7 参考：レーザーの原理

Laser は Light Amplification by Stimulated Emission of Radiation（誘導放出による光の増幅）
の頭文字を取ったもので，赤外光から紫外光までの波長領域の誘導放出に基づく光学装置である．

誘導放出について簡単に述べる．図 13 のようなエネルギー準位構造をもつ原子があるとする．
励起状態 b にあった原子が基底状態 a に遷移するとき $\nu_{ab} = \dfrac{E_b - E_a}{h}$ の振動数の光を放出する．
この遷移は自然に起こるが（自然放出），原子に ν_{ab} の光を入射すれば，その光に誘発されて原子
は振動数 ν_{ab} の光を放出する．このことを誘導放出という．しかし振動数 ν_{ab} の強い光をつくる
ためには，励起状態 b にある原子数を基底状態にある原子数より多くしなければならない．その
ために，別な振動数の強い光をあてて基底状態 a にある原子を励起状態 c に遷移させる．このこ
とをポンピングという（図 13）．励起状態 c に励起された原子は，まわりにエネルギーを与えて，

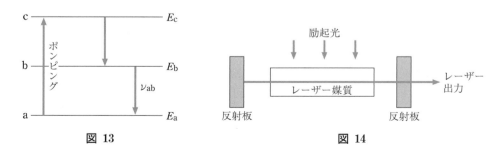

図 13　　　　　　　　　　　　　　図 14

励起状態 b に落ちる．このようにして，励起状態 b の原子数を基底状態 a の原子数より多くすることができる．レーザー発振に必要な条件は，このような逆転分布の状態をつくることである．レーザー振動の一例として固体レーザーの発振機構を簡単に述べる．図 14 のように逆転分布が実現されている媒質を 2 枚の鏡（反射板）の間に置き，鏡の間隔は誘導放出される光の波長の整数倍になるように調整し，誘導放出された光が鏡で反射されて定常波をつくるようにしておく．ポンピングを続けると光は鏡の間を進行する間に増幅され，これが鏡の反射によってさらに増加しつづけると発振現象を起こす．これをレーザー発振という．レーザー光の特徴は，非常によい指向性を持ち，強度が強く，単色で，位相が空間的にも時間的にもそろっていることである．

§8 偏 光 子

　偏光を発生させるには，まず直接に発生させる方法と自然光を偏光させる方法とがある．前者はたとえばシュタルク効果，ゼーマン効果，チェレンコフ効果など約 10 種の方法がある．偏光を発生させる実際の方法として重要なのは後者であり，自然光より偏光子によって偏光が得られる．入射ビームをたがいに直角な振動方向をもつ 2 つの成分に分け，一方のみを通して，他の成分を吸収させるか，また伝播方向をそらす方法をとっている．これには複屈折，反射，散乱などの機構が用いられる．

　「かたより」のない入射光の中から特定の偏光状態の偏光のみを透過させる装置を偏光子という．透過光が楕円偏光，円偏光，直線偏光のいずれになるかによって，楕円偏光，円偏光，直線偏光子という．本実験では直線偏光子を使用する．

§9 波 長 板

　波長板は，単色偏光を複屈折性結晶などを用いて 2 つの成分に分け，一方の成分の位相を他方の成分に対して遅らせ，ふたたび 2 つの成分を合成して「かたより」の形を変える装置であり，位相板と呼ばれることもある．適当な波長板を使えば直線偏光を円偏光に変えたり，円偏光を直線偏光に変えたりすることができる．波長板は，水晶または方解石などの複屈折性結晶の光軸に対して平行に切った一枚板であるが，ほかにも，雲母板，方向性をもったセロハン，ポリビニルアルコール膜などが利用されている．一般の波長板には「1/2 波長板」と「1/4 波長板」と呼ばれるものとがある．

　本実験で使用する「1/4 波長板」について説明する．図 15 に示すように，複屈折性結晶の XY 面に垂直に，しかも結晶の X 軸（位相が進む方の直線偏光の方向を速い軸方向という）に対して 45° 方向に振動する直線偏光 E（すなわち方位角 45° の直線偏光）が入射したものとする．光の振動方向を X 方向成分 E_X と，Y 方向の成分 E_Y との 2 つに分けて考えると，結晶の E_X に対する屈折率と E_Y に対する屈折率が異なるので，両者の結晶中での進む速さが異なり，光路差ができる．この光路差がちょうど 1/4 波長になるような厚さの結晶板であれば，光が結晶板を通過したとき，2 つの成分が合成され図 15 に示すような円偏光になる．方位角 ϕ が図 16 に示すような 45° 以外のときは円偏光にならず，楕円または直線偏光となる．

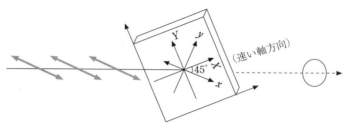

図 15 1/4 波長板

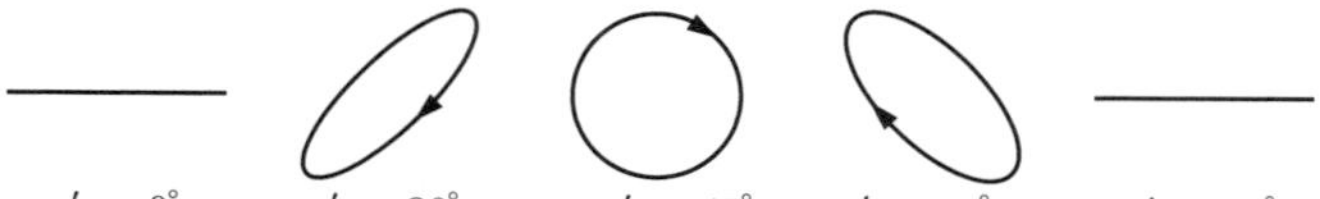

$\phi = 0°$ $\qquad$ $\phi = 30°$ $\qquad$ $\phi = 45°$ $\qquad$ $\phi = 60°$ $\qquad$ $\phi = 90°$

図 16 方位角と 1/4 波長板通過後の偏光状態の関係

波長板に入射した水平偏光 E を $E_0 \cos \omega t$ と表すと 2 つの成分は，それぞれ $E_X = E_0 \cos \phi \cos \omega t$，$E_Y = E_0 \sin \phi \cos \omega t$ と表せる．波長板を通過したとき，E_Y の位相は E_X に比べ 90° 遅れるから

$$E_X = E_0 \cos \phi \cos \omega t \tag{5}$$

$$E_Y = E_0 \sin \phi \cos \left(\omega t - \frac{\pi}{2} \right) \tag{6}$$

(5)，(6) 式より t を消去すると $\left(\dfrac{E_X}{\cos \phi} \right)^2 + \left(\dfrac{E_Y}{\sin \phi} \right)^2 = E_0{}^2$ は楕円の式である．

§10 参 考 文 献

(1) 松平雄石他著「レーザーの基礎と実験」 共立出版
(2) G. Wright 著　増田寛他訳「レーザーを使った基礎実験」 共立出版
その他，物理の教科書の「光」に関する章，および「電磁気学」の部分参照

一 般 定 数

*印は基礎定数である.

万有引力の定数*	$G = (6.670 \pm 0.005) \times 10^{-11}$ N・m^2/kg^2
重力の標準加速度	$g_\mathrm{n} = 9.80665$ m/s^2
水の最大密度（3.945 ℃　1 気圧）	$d_\mathrm{m} = (0.999972 \pm 0.000002)$ g/cm^3
最大密度の水 1 kg の体積（1 立）	$l = (1000.028 \pm 0.002)$ cm^3
水銀の標準密度	$\rho_0 = 13.59510$ g/cm^3
氷点の絶対温度	$T_0 = (273.16 \pm 0.01)$ K
1 モルの標準体積	$V_0 = (22.4146 \pm 0.0006) \times 10^3$ cm^3/mol
気体定数	$R = (8.3144 \pm 0.0004)$ J/mol・K
1 モルの分子数（Avogadro 数）	$N = (6.0238 \pm 0.0002) \times 10^{23}$/mol
Boltzmann の定数	$k = (1.38066 \pm 0.0002) \times 10^{-23}$ J/K
熱の仕事当量	$J = (4.1855 \pm 0.0004)$ J/cal
1 平均国際オーム	int. ohm = 1.00049 abs. ohm
1 平均国際ボルト	int. oh = 1.00034 abs. volt
1 平均国際アンペア	int. amp = 0.99985 abs. amp
銀の電気化学当量	$k_\mathrm{Ag} = (1.11800 \pm 0.00005) \times 10^{-3}$ g/int・coul
Faraday の定数（1 価，1 モル）	$F = (96496 \pm 7)$ abs. coul/mol
電子の比電荷*	$e/m = (1.7594 \pm 0.0001) \times 10^7$ e.m.u./g
電子の質量	$m = (9.1055 \pm 0.0001) \times 10^{-31}$ kg
電子の電荷*	$e = (1.6020 \pm 0.0002) \times 10^{-19}$ C
水素電子の質量	$m_\mathrm{H} = (1.6736 \pm 0.0002) \times 10^{-27}$ kg
光速度（真空中）*	$c = (2.99790 \pm 0.00001) \times 10^8$ m/s
Cd 赤線の波長（15 ℃　1 気圧）	$\lambda_\mathrm{cd} = 6438.4707 \times 10^{-10}$ m
Planck の定数*	$h = (6.6238 \pm 0.0003) \times 10^{-34}$ J・s

元素の周期表

	1	2	3	4	5	6	7	8	9	10	11	12	13	14	15	16	17	18
1	1 H 水素 1.00794																	2 He ヘリウム 4.002602
2	3 Li リチウム 6.941	4 Be ベリリウム 9.012182											5 B ホウ素 10.811	6 C 炭素 12.011	7 N 窒素 14.00674	8 O 酸素 15.9994	9 F フッ素 18.9984032	10 Ne ネオン 20.1797
3	11 Na ナトリウム 22.989768	12 Mg マグネシウム 24.3050											13 Al アルミニウム 26.981539	14 Si ケイ素 28.0855	15 P リン 30.973762	16 S 硫黄 32.066	17 Cl 塩素 35.4527	18 Ar アルゴン 39.948
4	19 K カリウム 39.0983	20 Ca カルシウム 40.078	21 Sc スカンジウム 44.95591	22 Ti チタン 47.88	23 V バナジウム 50.9415	24 Cr クロム 51.9961	25 Mn マンガン 54.93805	26 Fe 鉄 55.847	27 Co コバルト 58.93320	28 Ni ニッケル 58.6934	29 Cu 銅 63.546	30 Zn 亜鉛 65.39	31 Ga ガリウム 69.723	32 Ge ゲルマニウム 72.61	33 As ヒ素 74.92159	34 Se セレン 78.96	35 Br 臭素 79.904	36 Kr クリプトン 83.80
5	37 Rb ルビジウム 85.4678	38 Sr ストロンチウム 87.62	39 Y イットリウム 88.90582	40 Zr ジルコニウム 91.224	41 Nb ニオブ 92.90638	42 Mo モリブデン 95.94	43 Tc テクネチウム [98]	44 Ru ルテニウム 101.07	45 Rh ロジウム 102.9055	46 Pd パラジウム 106.42	47 Ag 銀 107.8682	48 Cd カドミウム 112.411	49 In インジウム 114.818	50 Sn スズ 118.710	51 Sb アンチモン 121.757	52 Te テルル 127.60	53 I ヨウ素 126.90447	54 Xe キセノン 131.29
6	55 Cs セシウム 132.90543	56 Ba バリウム 137.3327	57~71 ランタノイド	72 Hf ハフニウム 178.49	73 Ta タンタル 180.9479	74 W タングステン 183.84	75 Re レニウム 186.207	76 Os オスミウム 190.23	77 Ir イリジウム 192.22	78 Pt 白金 195.08	79 Au 金 196.96654	80 Hg 水銀 200.59	81 Tl タリウム 204.3833	82 Pb 鉛 207.2	83 Bi ビスマス 208.98037	84 Po ポロニウム [210]	85 At アスタチン [210]	86 Rn ラドン [222]
7	87 Fr フランシウム [223]	88 Ra ラジウム [226]	89~103 アクチノイド	104 Rf ラザホージウム [261.11]	105 Db ドブニウム [268]	106 Sg シーボーギウム [271]	107 Bh ボーリウム [270]	108 Hs ハッシウム [269]	109 Mt マイトネリウム [278]	110 Ds ダームスタチウム [281]	111 Rg レントゲニウム [281]	112 Cn コペルニシウム [285]	113 Nh ニホニウム [286]	114 Fl フレロビウム [289]	115 Uup ウンウンペンチウム [289]	116 Lv リバモリウム [293]	117 Uus ウンウンセプチウム [294]	118 Uno ウンウンオクチウム [294]

ランタノイド	57 La ランタン 138.9055	58 Ce セリウム 140.115	59 Pr プラセオジム 140.90765	60 Nd ネオジム 144.24	61 Pm プロメチウム [145]	62 Sm サマリウム 150.36	63 Eu ユウロピウム 151.965	64 Gd ガドリニウム 157.25	65 Tb テルビウム 158.92534	66 Dy ジスプロシウム 162.50	67 Ho ホルミウム 164.93032	68 Er エルビウム 167.26	69 Tm ツリウム 168.93421	70 Yb イッテルビウム 173.04	71 Lu ルテチウム 174.967
アクチノイド	89 Ac アクチニウム [227]	90 Th トリウム 232.0381	91 Pa プロトアクチニウム 231.03588	92 U ウラン 238.0289	93 Np ネプツニウム [237]	94 Pu プルトニウム [239]	95 Am アメリシウム [243]	96 Cm キュリウム [247]	97 Bk バークリウム [247]	98 Cf カリホルニウム [252]	99 Es アインスタイニウム [252]	100 Fm フェルミウム [257]	101 Md メンデレビウム [256]	102 No ノーベリウム [259]	103 Lr ローレンシウム [260]

原子番号
元素記号
元素名
原子量＊

1 H 水素 1.00794

＊原子量の値は，1991年IUPAC（国際純正および応用化学連合）原子量委員会の資料に基づくもの。安定同位体をもたない元素について，最も半減期の長い放射性同位体の質量を〔　〕で示した。

秤量に対する空気の浮力補正

密度 ρ の物体を，常温度 $\sigma = 0.0012$ の気体中で，密度 ρ の分銅を用いて秤量して $M'\text{g}$ を得たとすれば，真空中の物体の質量は $M' = M' + M'\sigma\left(\dfrac{1}{\rho} - \dfrac{1}{\rho'}\right)\text{g}$ である．

下表は $B = \sigma\left(\dfrac{1}{\rho} - \dfrac{1}{\rho'}\right)$ の値を示す．

ρ	アルミニウム分銅 $\rho' = 2.65$	真鍮分銅 $\rho' = 8.4$	白金分銅 $\rho' = 21.5$	ρ	アルミニウム分銅 $\rho' = 2.65$	真鍮分銅 $\rho' = 8.4$	白金分銅 $\rho' = 21.5$
0.5	$\times 10^{-3}$	$\times 10^{-3}$	$\times 10^{-3}$		$\times 10^{-3}$	$\times 10^{-3}$	$\times 10^{-3}$
0.5	$+1.95$	$+2.26$	$+2.34$	1.6	$+0.30$	$+0.61$	$+0.69$
0.55	$+1.73$	$+2.04$	$+2.13$	1.7	$+0.25$	$+0.56$	$+0.65$
0.6	$+1.55$	$+1.86$	$+1.94$	1.8	$+0.21$	$+0.52$	$+0.62$
0.65	$+1.39$	$+1.70$	$+1.79$	1.9	$+0.18$	$+0.49$	$+0.58$
0.7	$+1.26$	$+1.57$	$+1.66$	2	$+0.15$	$+0.46$	$+0.54$
0.75	$+1.15$	$+1.46$	$+1.55$	2.5	$+0.03$	$+0.34$	$+0.43$
0.8	$+1.05$	$+1.36$	$+1.44$	3	-0.05	$+0.26$	$+0.34$
0.85	$+0.96$	$+1.27$	$+1.36$	3.5	-0.11	$+0.20$	$+0.29$
0.9	$+0.88$	$+1.19$	$+1.28$	4	-0.15	$+0.16$	$+0.24$
0.95	$+0.81$	$+1.12$	$+1.21$	5	-0.21	$+0.10$	$+0.19$
1	$+0.75$	$+1.06$	$+1.14$	6	-0.25	$+0.06$	$+0.14$
1.1	$+0.64$	$+0.95$	$+1.04$	8	-0.30	$+0.01$	$+0.09$
1.2	$+0.55$	$+0.86$	$+0.94$	10	-0.33	-0.02	$+0.06$
1.3	$+0.47$	$+0.78$	$+0.87$	15	-0.37	-0.06	$+0.03$
1.4	$+0.40$	$+0.71$	$+0.80$	20	-0.39	-0.08	$+0.004$
1.5	$+0.35$	$+0.66$	$+0.75$	22	-0.40	-0.09	-0.001

空気の密度 $\sigma \dfrac{\text{g}}{\text{cm}^3}$

°C \ mmHg	690	700	710	720	730	740	750	760	770	780
	$\times 10^{-3}$	$\times 10^{-3}$	$\times 10^{-3}$	$\times 10^{-3}$	$\times 10^{-3}$	$\times 10^{-3}$	$\times 10^{-3}$	$\times 10^{-3}$	$\times 10^{-3}$	$\times 10^{-3}$
0°	1.174	1.191	1.208	1.225	1.242	1.259	1.276	1.293	1.310	1.327
5	1.153	1.169	1.186	1.103	1.220	1.236	1.253	1.270	1.286	1.303
10	1.132	1.149	1.165	1.182	1.198	1.214	1.231	1.247	1.264	1.280
15	1.113	1.129	1.145	1.161	1.177	1.193	1.209	1.226	1.242	1.258
20	1.094	1.109	1.125	1.141	1.157	1.173	1.189	1.205	1.220	1.236
25	1.075	1.091	1.106	1.122	1.138	1.153	1.169	1.184	1.200	1.215
30	1.057	1.073	1.088	1.103	1.119	1.134	1.149	1.165	1.180	1.195

水 の 比 重 $\frac{g}{cm^3}$

温度 °C	0°	1°	2°	3°	4°	5°	6°	7°	8°	9°
0°	0.99987	0.99993	0.99997	0.99999	1.00000	0.99999	0.99997	0.99993	0.99988	0.99981
10°	99973	99963	99952	99940	0.99927	99913	99897	99880	99862	99843
20°	99823	99802	99780	99757	99733	99707	99681	99654	99626	99597
30°	99568	99537	99505	99474	99440	99406	99371	99336	99299	99262
40°	9922	9919	9915	9911	9907	9902	9898	9894	9890	9885
50°	0.9881	0.9876	0.9872	0.9867	0.9862	0.9857	0.9853	0.9848	0.9843	0.9838
60°	9832	9827	9822	9817	9811	9806	9801	9795	9789	9784
70°	9778	9772	9767	9761	9755	9749	9743	9737	9731	9725
80°	9718	9712	9706	9699	9693	9687	9680	9673	9667	9661
90°	9653	9647	9640	9633	9626	9619	9612	9605	9598	9590
100°	9584	9577	9569							

水 銀 の 比 重

温度 °C	0°	1°	2°	3°	4°	5°	6°	7°	8°	9°
0°	13.5955	5930	5905	5581	5856	5831	5806	5782	5757	5732
10°	5708	5683	5659	5634	5609	5585	5560	5535	5511	5486
20°	5462	5437	5412	5388	5363	5339	5314	5290	5265	5241
30°	5216	5192	5167	5143	5118	5094	5069	5045	5020	4996
40°	4971	4947	4922	4898	4874	4849	4825	4800	4776	4752
50°	13.4727	4703	4678	4654	4630	4605	4581	4577	4532	4508
60°	4484	4459	4435	4411	4387	4362	4338	4314	4289	4265
70°	4241	4217	4193	4168	4144	4120	4096	4071	4047	4023
80°	3999	3975	3951	3926	3902	3878	3854	3830	3806	3782
90°	3757	3733	3709	3685	3661	3637	3613	3589	3565	3541
100°	3517									

金属の密度（常温） $\frac{g}{cm^3}$

物 質	密 度	物 質	密 度	物 質	密 度
亜　　　鉛	7.14	コ　バ　ル　ト	8.9	鉛	11.34
アルミニウム	2.69	錫（すず）（白色）	7.3	ニ　ッ　ケ　ル	8.9
アンモチン	6.69	ビ　ス　マ　ス	9.8	白　　　金	21.4
イリジウム	22.4	鉄	7.86	マグネシウム	1.74
金	19.3	銅	8.93	マ　ン　ガ　ン	7.2
銀	10.5	ナ　ト　リ　ウ　ム	0.97	ロ　ジ　ウ　ム	2.3

弾 性 の 定 数

物　　　　質	Young率 $E\,[\mathrm{Pa}=\mathrm{N \cdot m^{-2}}]$	剛 性 率 $n\,[\mathrm{Pa}]$	Poisson比 σ	体積弾性率 $\varkappa\,[\mathrm{Pa}]$
	$\times 10^{10}$	$\times 10^{10}$		$\times 10^{10}$
亜　　　　　　　鉛	10.84	4.34	0.249	7.20
ア ル ミ ニ ウ ム	7.03	2.61	0.245	7.55
イ ン ヴ ァ ー ル	14.40	5.72	0.259	9.94
ガラス（エナクラウン）	6.5−7.8	2.92	0.22	4.12
〃 （エナフリント）	5.0−6.0	3.15	0.27	5.76
金	7.8	2.7	0.44	21.7
銀	8.27	3.03	0.367	10.36
ゴ ム （弾性ゴム）	$(1.5{-}5.0)\times 10^{-4}$	$(5{-}15)\times 10^{-5}$	0.46−0.49	—
コンスタンタン	16.24	6.12	0.327	15.64
真　　鍮　　（黄銅）	10.06	3.73	0.350	11.18
錫　　　　　（鋳）	4.99	1.84	0.357	5.82
青　　銅　　　（鋳）	8.08	3.43	0.358	9.52
石　　英　　糸	5.18	3.0	—	1.4
ビ ス マ ス （鋳）	3.19	1.20	0.330	3.13
ジ ュ ラ ル ミ ン	7.15	2.67	0.335	—
鉄　　　　　（鋳）	15.23	6.00	0.27	10.95
〃　　　　　（鍛）	19−20	7.7−8.3	約0.27	14.6
〃　　　　　（鋼）	20.1−21.6	7.8−8.4	0.28−0.30	16.5−17.0
銅	11.0−12.8	4.83	0.343	13.78
鉛　　　　　（鋳）	1.61	0.559	0.44	4.58
ニ　ッ　ケ　ル	19.9−22.0	7.6−8.4	0.30−0.31	17.7−18.8
白　　　　　　金	16.8	6.10	0.377	22.80
マ ン ガ ニ ン	12.4	4.65	0.329	12.1
木　　材　　（樫）	1.3	1.3	—	—
洋　　　　　　銀	13.25	4.97	0.333	13.20
燐　　青　　　銅	12.0	4.36	0.38	—

固体の線膨張率　$\alpha\,\mathrm{deg}^{-1}$

物　　　質	温度 [℃]	$\alpha\times 10^{-6}$	物　　　質	温度 [℃]	$\alpha\times 10^{-6}$
亜　　　　鉛	0〜100	29.76	真　　鍮（Cu 7. Zn 3）	0〜100	19.06
ア ル ミ ニ ウ ム	0〜100	22.20	青　　銅（Cu 3. Sn 1）	16〜100	18.44
金	0〜100	14.70	イ ン ヴ ァ ー ル		0.9
銀	0〜100	18.9	洋　　　　　　銀	0〜100	18.36
錫	0〜100	22.96	ガラス（クラウンソーダ）	50〜60	8.97
タングステン	27	4.44	〃 （フリント）	0〜100	7.88
鉄　　（鋳）	40	10.61	石　英　ガ　ラ　ス	0〜100	0.50
〃　　（鍛）	−191〜16	8.50	磁　　　　　　器		3.1
〃　　（鋼）	−18〜100	11.40	コ ン ク リ ー ト		10〜14
銅	0〜100	16.66	大　　理　　石		1.4〜4.4
鉛	0〜100	27.09	エ ボ ナ イ ト		64〜77
ニ ッ ケ ル	40	12.79	松　　　　　　（縦）		5.41
白　　　　金	40	8.99	松　　　　　　（横）		34.1

固体・液体の比熱　$C \dfrac{\text{cal}}{\text{g} \cdot \text{deg}}$

固　　　　体	温度 [℃]	$C \dfrac{\text{cal}}{\text{g} \cdot \text{deg}}$	液　　　体	温度 [℃]	$C \dfrac{\text{cal}}{\text{g} \cdot \text{deg}}$
亜　　　　鉛	20	0.0925	エチルアルコール	20	0.570
アルミニウム	20	0.211	〃	100	0.824
アンチモン	20	0.050	メチルアルコール	19	0.597
金	20	0.0309	エチルエーテル	17	0.551
銀	20	0.0560	石　　　　油	18−20	0.47
錫　　（白）	20	0.0541	水	0	1.0094
ビスマス	20	0.029	〃	15	1.0011
タングステン	20	0.0321	〃	50	0.9987
鉄	20	0.107	〃	100	1.0074
銅	20	0.0919	水　　　　銀	20	0.0333
鉛	20	0.0304			
白　　　　金	20	0.0316			
真　　　　鍮	18−100	0.0925			
洋　　　　銀	0−100	0.095			
ガ　ラ　ス	室　温	0.14−0.02			
氷	0	0.487			
コンクリート	室　温	0.20			
木　　　　材	室　温	0.30			

光の屈折率（常温空気に対する）

物　質　　　　　　　　波　長	赤線 C（H_α） 6563 Å	黄　線（Na） 5893 Å	赤線 F（H_β） 4861 Å
水　　　　　　　　18 ℃	1.3314	1.3332	1.3373
アルコール（エチル）　18 ℃	1.3609	1.3625	1.3665
二硫化炭素　　　　18 ℃	1.6199	1.6291	1.6541
クラウンガラス　軽	1.5127	1.5153	1.5214
クラウンガラス　重	1.6126	1.6152	1.6213
フリントガラス　軽	1.6038	1.6085	1.6200
フリントガラス　重	1.7434	1.7515	1.7723
方　解　石　常　光	1.6545	1.6585	1.6679
方　解　石　異常光	1.4846	1.4864	1.4908
水　　晶　常　光	1.5418	1.5442	1.5496
水　　晶　異常光	1.5509	1.5533	1.5589

主要なスペクトル線

単位は国際 $10^{-10}\,\mathrm{m}\,(=\mathring{\mathrm{A}})$

1. H			10. Ne		20. Ca		80. Hg	
6562.8 (C)	H_α	赤	6506.5*	赤	5588.7	黄	5790.7*	（オレンジ）
4861.3 (F)	H_β	緑青	6402.3*	オレンジ	4226.7（帯）	紫	5769.6	黄
4340.5	H_γ	青	6383.0	オレンジ	3968.5 (H)	紫	5460.7*	黄緑
4101.7	H_δ	紫	6266.5*	オレンジ	3933.7 (K)	紫	4358.4*	青
	（すみれ）		6217.3	オレンジ				
3970.1	H_ε	紫	6143.1*	オレンジ			4347.5*	青
			5881.9*	オレンジ	30. Zn		4077.8*	紫
2. He			5852.5	黄	6362.4	オレンジ	4046.6*	紫
7065.2		赤	など赤線豊富		6102.5	オレンジ		
6678.2		赤			4924.0	青		
5875.6 (D_3)		黄			4911.7	青	3×10^6	赤外
5015.7		緑	11. Na		4810.5	青	7700	赤
4921.9		緑青			4722.2	青	6470	オレンジ
4713.1		青	5895.92 (D_1)	オレンジ	4680.1	青	5880	黄
4471.5		青	5889.95 (D_2)	オレンジ			5500	緑
4026.2		紫			38. Sr		4920	青
3888.7*		紫	19. K		4607.3（帯）	青	4550	紫
							3600	紫外
3. Li			7699.0	赤	48. Cd		600	
6707.9		赤	7664.9	赤	6438.4696	赤		
6103.6		オレンジ	4047.2	青	5085.82	緑		
	（だいだい）		4044.2	青	4799.90	青		
4602.0		青			4678.15	青		

（　）内記号は Fraunhofer 線の記号．＊は特に強い線

熱伝導率と電気抵抗率（20℃）

金　　属	熱伝導率 $\dfrac{\text{cal}}{\text{cm·s·deg}}$	温度係数 deg^{-1}（×10^{-3}）	抵抗率 Ω·m（×10^{-8}）	温度係数 deg^{-1}（×10^{-3}）
銀	0.998	−0.17	1.62	4.1
銅　　　　　（軟）	0.923	−0.19	1.72	4.3
金	0.708	0.04	2.4	4.0
アルミニウム	0.487	0.184	2.75	4.2
黄　銅｛真　鍮｝（しんちゅう）	0.258	1.5	5〜7	1.4〜2
タングステン	0.382	−0.10	5.5	5.3
モリブデン	0.346	−0.45	5.6	4.4
亜　　　　　　鉛	0.269	−0.15	5.9	4.2
白　　　　　　金	0.168	0.53	10.6	3.9
ニッケル　（軟）	0.1391	−0.31	7.24	6.7
鉄　　　　　（鋼）	0.116	−0.09	10〜20	1.5〜5
錫　　　　　（すず）	0.154	−0.8	11.4	4.5
鉛	0.0838	−0.16	21	4.2
水　銀　　（0℃）	0.0200	0	94.08	0.99
アンチモン　（0℃）	0.0432	−1.4	38.7	5.4
ビスマス	0.0192	−1.97	120	4.5
燐青銅（りんせいどう）	0.118	1.2	2〜6	〜
洋　　　　　　銀	0.0602	2.7	17〜41	0.4〜0.38
コンスタンタン	0.0546	2.4	47〜51	−0.04〜+0.01
マンガニン	0.0524	2.7	42〜48	−0.03〜+0.02
ニクロム（鉄を含む）	0.0325〜0.0358		95〜104	0.3〜0.5

水の粘性率（×10^{-3} Pa·s）

t℃	η	t℃	η	t℃	η	t℃	η	t℃	η
0	1.794	11	1.274	22	0.961	33	0.751	60	0.470
1	1.732	12	1.239	23	0.938	34	0.736	65	0.437
2	1.674	13	1.206	24	0.916	35	0.721	70	0.407
3	1.619	14	1.175	25	0.895	36	0.706	75	0.381
4	1.568	15	1.145	26	0.875	37	0.693	80	0.357
5	1.519	16	1.116	27	0.855	38	0.679	85	0.336
6	1.473	17	1.088	28	0.836	39	0.666	90	0.317
7	1.429	18	1.060	29	0.818	40	0.654	95	0.299
8	1.387	19	1.034	30	0.800	45	0.597	100	0.284
9	1.348	20	1.009	31	0.783	50	0.549		
10	1.310	21	0.984	32	0.767	55	0.507		

湿　度　表

本表公式　　アンゴー氏（Angot）

(1)　$f = \{1-0.0159(t-t')\}-H(t-t')$
$\{0.000776-0.000028(t-t')\}$

(2)　$R = \dfrac{f}{F} \times 100$

f は水蒸気張力　　　　　f は湿球の示度 t に対する水蒸気最大張力
t は乾球示度　　　　　　H は晴雨計示度（ただし760粍と仮設す）
R は湿度（百万率）　　　F は水蒸気最大張力

湿球 t	湿球と湿球との差 $t-t'$													
	0.5	1.0	1.5	2.0	2.5	3.0	3.5	4.0	4.5	5.0	5.5	6.0	6.5	7.0
摂氏	%	%	%	%	%	%	%	%	%	%	%	%	%	%
35	96	92	88	84	81	78	74	71	68	66	63	61	58	56
34	96	92	88	84	81	77	74	71	68	65	63	60	58	55
33	96	92	88	84	80	77	74	71	68	65	62	60	57	55
32	96	91	88	84	80	77	73	70	67	65	62	59	57	54
31	96	91	87	83	80	76	73	70	67	64	61	59	56	54
30	96	91	87	83	80	76	73	70	67	64	61	58	56	53
29	95	91	87	83	79	76	72	69	66	63	60	58	55	53
28	95	91	87	83	79	75	72	69	66	63	60	57	55	52
27	95	91	87	83	79	75	72	68	65	62	59	57	54	52
26	95	91	86	82	78	75	71	68	65	62	59	56	54	51
25	95	90	86	82	78	74	71	67	64	61	58	56	53	50
24	95	90	86	82	78	74	70	67	63	60	58	55	52	50
23	95	90	86	81	77	73	70	66	63	60	57	54	51	49
22	95	90	85	81	77	73	69	66	62	59	56	53	51	48
21	95	90	85	80	76	72	68	65	62	58	55	53	50	47
20	95	89	85	80	76	72	68	64	61	58	55	52	49	47
19	94	89	84	80	75	71	67	63	60	57	54	51	48	46
18	94	89	84	79	75	70	67	63	59	56	53	50	47	45
17	94	89	83	79	74	70	66	62	59	55	52	49	46	44
16	94	88	83	78	74	69	65	61	58	54	51	48	45	43
15	94	88	83	78	73	68	64	60	57	53	50	47	44	42
14	94	88	82	77	72	68	63	59	56	52	49	46	43	40
13	94	87	82	76	71	67	62	58	55	51	48	45	42	39
12	93	87	81	76	71	66	61	57	54	50	47	43	41	38
11	93	87	81	75	70	65	60	56	52	49	45	42	39	36
10	93	86	80	74	69	64	59	55	51	47	44	41	38	35
9	93	86	79	74	68	63	58	54	50	46	42	39	36	33
8	92	85	79	73	67	62	57	52	48	44	41	37	34	32
7	92	85	78	72	66	61	56	51	47	43	39	36	33	30
6	92	84	77	71	65	59	54	49	45	41	37	34	31	28
5	91	84	76	70	64	58	53	48	43	39	35	32	29	26
4	91	83	75	69	62	56	51	46	41	37	33	30	26	24
3	91	82	75	67	61	55	49	44	39	35	31	27	24	21
2	90	82	74	66	59	53	47	42	37	33	29	25	22	19
1	90	81	72	65	58	51	45	40	35	30	26	22	19	16
0	90	80	71	63	56	49	43	37	32	28	23	20	16	13

例：乾球示度18°湿度15°のときは，その差3°の縦欄と湿球示度15°の横欄と相交るところの数字68を採り，湿度68%なりと知ることができる．

実験参考書

吉田・武居共著「物理学実験」　　　　　　　　　　　　　　三省堂

関根幸四郎著「物理実験法」　　　　　　　　　　　　　　　コロナ社

田中・今道編「概説物理実験学」　　　　　　　　　　　　　日刊工業

東京天文台編「理科年表」　　　　　　　　　　　　　　　　丸善

平田森三「大学実習基礎物理学実験」　　　　　　　　　　　裳華房

吉沢康和著「新しい誤差論─実験データ解析法」　　　　　　共立出版

大塚・小林編　実験物理学講座 11「輸送現象測定」　　　　丸善

菅・櫛田編　実験物理学講座 8「分光測定」　　　　　　　　丸善

JSME テキストシリーズ「材料力学」　　　　　　　　　　　日本機械学会

専門基礎ライブラリー　金原監修，高田進他著「電気回路」　実教出版

岩波講座 物理の世界　石原宏著「半導体エレクトロニクス」　岩波書店

西原浩・裏升吾共著「光エレクトロニクス入門」　　　　　　コロナ社

物理学実験レポート（第　　回）

☐ 曜日
実験テーマ ....

☐ 班　　学籍番号 _____　氏　名 _____

共同実験者 _____

実験日　　　年　　　月　　　日　　天候　　　気温　　　℃
提出日　　　年　　　月　　　日
再提出日　　年　　　月　　　日
目　的

原理（概要）

実験器具および方法（概要）

執筆，編集担当者

中 村 統 太
前 田 健 吾
鈴 木 栄 男
富 田 裕 介
石 井 康 之
渡 邉 祥 正
田 森 栄 子

物理学実験　2024

2005 年 3 月 30 日　第 1 版　第 1 刷　発行
2024 年 3 月 30 日　第 1 版　第 18 刷　発行

編　　者　芝浦工業大学工学部
発 行 者　発 田 和 子
発 行 所　株式会社 学 術 図 書 出 版 社
〒 113-0033　東京都文京区本郷 5-4-6
TEL 03-3811-0889　振替 00110-4-28454
印刷　中央印刷（株）

定価は表紙に表示してあります．